Ingrid Harrison

Spurensuche im Zoo

Mit Fotos der Autorin

C. Bertelsmann

Für Paco, meine Eltern, meine Patin
und für alle Kinder, die im Zoo Freude an Tieren haben.
Für Anne, Catherine, Chris, Stefanie, Antonio, Alberto und Cora.

Lektorat und Koordination:
InterConcept Medienagentur, München

Umschlaggestaltung und Layout:
Gerald Flügel, München

Technische Grafik:
Sonja Trurnit, München

Reproduktion:
RMS Offsetreproduktionen, München

Herstellung:
Peter Papenbrok

Druck:
J.P. Himmer, Augsburg

Umwelthinweis:
Dieses Buch wurde auf chlorfrei gebleichtem Papier gedruckt.
Die Einschrumpffolie (zum Schutz vor Verschmutzung und Beschädigung)
besteht aus umweltschonender und recyclingfähiger PE-Folie.

Gesetzt nach den Regeln der Rechtschreibreform

1. Auflage 1999

ISBN 3-570-12352-9
Printed in Germany

Inhalt

Vorwort

Schon vor vielen tausend Jahren richteten die Menschen in ihren Städten Tiergärten ein. Man wollte sehen und miterleben, wie sich Tiere verhalten und sich vielleicht auch einfach an ihrem Anblick erfreuen.

Heute haben die Zoos viele verschiedene Funktionen zu erfüllen. Für den Besucher sind sie in erster Linie ganz besondere Ausflugsziele. Was ist schöner, als an einem strahlenden Sommertag Löwen und Affen, Elefanten und Flusspferde, Delfine und Robben in ihren dem natürlichen Lebensraum nachempfundenen Gehegen zu beobachten? Für die meisten Bewohner unserer modernen Welt ist der Zoo die einzige Möglichkeit, einmal das markerschütternde Brüllen der Löwen zu hören, den kräftigen Geruch von Zebras, Büffeln und Nashörnern wahrzunehmen oder dem Orang-Utan aus wenigen Zentimetern Entfernung ins Auge zu blicken.

Oft fragen sich Besucher, ob es den Tieren im Zoo auch gut geht. Statt durch die weite afrikanische Savanne zu streifen, muss der Löwe schließlich mit einem zwar schön angelegten, aber doch nur wenige 100 Quadratmeter großen Gehege auskommen. In unseren modernen Zoos erhalten alle Tiere eine Umgebung, die so weit als möglich den Lebensbedingungen in ihrer natürlichen Umwelt entspricht. Artgerechte Fütterung, Spiel- und Bewegungsmöglichkeiten bieten den Zootieren einen – fast – natürlichen Lebensraum.

Neben der Freude für die Besucher haben die Zoos aber auch noch eine ganz andere Funktion. Viele Tiere sind in ihrer natürlichen Umgebung durch die Umweltverschmutzung und die zahlreichen menschlichen Eingriffe in die Natur vom Aussterben bedroht. Unsere zoologischen Gärten leisten mit der Züchtung und Pflege bedrohter Tierarten einen wichtigen Beitrag zur Erhaltung der Artenvielfalt auf der Erde. Ohne die Arbeit der Zoos wären viele Tierarten schon ganz von der Erde verschwunden.

Die folgenden Seiten führen uns in Bereiche des Zoos, die für den Besucher sonst nicht zugänglich sind. Tierpfleger und Zoodirektoren berichten von ihrer Arbeit, und wir erfahren viele Einzelheiten über das Leben der Tiere im Zoo.

Möge dieses Buch dazu anregen, öfter mal in den Zoo zu gehen. Es macht viel Spaß, die Tiere zu beobachten und dabei vielleicht auch ein paar Ähnlichkeiten im Verhalten von Menschen und Tieren zu erkennen.

Dr. Dieter Poley

Dr. rer. nat. Dieter Poley
Direktor des Tiergartens Heidelberg i.R.
und 1991–1994 Präsident des Verbandes
Deutscher Zoodirektoren e.V.

1 Einleitung: Spurensuche im Zoo

▲ Menschen lieben Tiere im Zoo. An den Wochenenden bilden sich lange Schlangen an den Zookassen. 100 Millionen Menschen jeden Alters besuchen jedes Jahr die Zoos in Europa.

Eine Million Tiere leben in den 738 Zoos auf der ganzen Welt. 800 Millionen Menschen gehen jedes Jahr in den Zoo, um die unglaubliche Vielfalt des Tierreichs zu bestaunen. Manche dieser Tiere leben nur noch im Zoo. In der freien Natur sind sie längst ausgestorben. Viele davon, weil wir Menschen ihren Lebensraum zerstört haben. Einige aber auch, weil sie sich Veränderungen nicht anpassen konnten, zum Beispiel des Klimas. Gehen wir gemeinsam in den Zoo und suchen wir nach den Spuren der Säugetiere, die zusammen mit den Menschen die geistig am höchsten entwickelten Lebewesen sind. Wenn wir ihre Vielfalt, ihre Gemeinsamkeiten und Gegensätze, ihr Verhalten und ihre Stimmungen entdecken, dann erahnen wir das Wunder der Natur und den Reichtum, den uns das Leben mit den Tieren schenkt.

Wo die Spuren beginnen

Jedes Tier und jede Pflanze hat in der Lebensgemeinschaft der Erde einen festen Platz. Jedes Mitglied dieser Gemeinschaft braucht die anderen, um leben zu können. Auch wir Menschen sind Teil dieser großen Familie und teilen die Erde mit Millionen anderer Arten.

▲ **Das Skelett des Brachiosaurus brancai steht heute im Museum für Naturkunde in Berlin.**

In Milliarden Jahren Entwicklung sind Tier- und Pflanzenarten entstanden und wieder verschwunden. Der Brachiosaurus lebte vor etwa 145 Millionen Jahren. Sein Skelett können wir im Museum für Naturkunde besichtigen. Dieser Dinosaurier war 23 Meter lang, zwölf Meter hoch und hatte mit 70.000 Kilogramm das Gewicht einer ganzen Elefantenherde. Der Brachiosaurus war das größte Landtier, das je auf der Erde lebte. Vor 65 Millionen Jahren starben die Saurier aus. Die Säugetiere begannen, die Lebensräume der Erde zu besiedeln. Giraffen und Elefanten, Zebras, Löwen und Kängurus – sie alle gibt es noch und wir können sie im Tierpark besuchen.

Spurensuche im Zoo

In Zoos gibt es etwa 300 bis 4000 verschiedene Tierarten. Doch Tierforscher haben bis heute etwa 1,5 Millionen Tierarten gezählt, die es auf unserem Planeten gibt. Die meisten davon sind Insekten und höchstens so groß wie ein Hühnerei. Wahrscheinlich gibt es noch viele Millionen Tierarten mehr, von denen wir gar nichts wissen. Kein Wunder: Auf einem einzigen Baum im tropischen Regenwald leben oft mehrere Hundert verschiedene Arten. Gleichzeitig sterben immer mehr Tiere aus und verschwinden von unserem Planeten. Nur wenn die Menschen ihnen Platz zum Leben lassen, können sie überleben. Viele Tiere sehen wir nur noch im Zoo.

Tiere im Zoo

Im Zoo verhalten sich Tiere anders als in der Natur. Da sitzt ein Affe auf dem Rücken eines Mähnenschafes, lässt sich von ihm

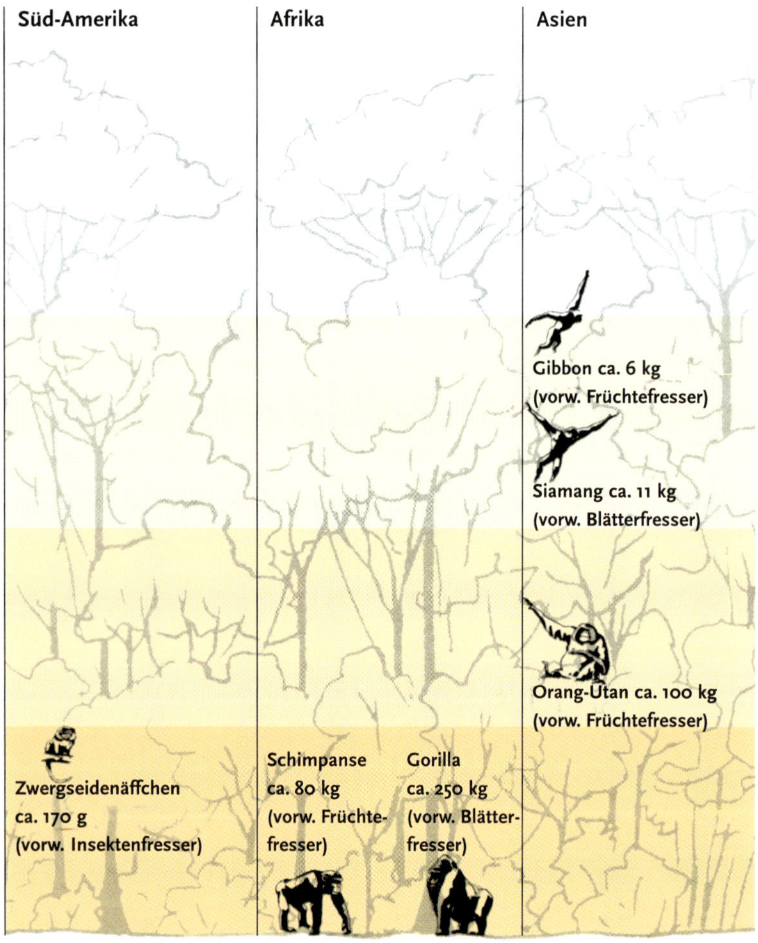

◀ **In den Stockwerken eines Baumes im Regenwald wohnen viele verschiedene Tiere.**

▲ **Im Zoo leben auch Tiere zusammen, die sich in der Natur niemals begegnen würden. Affen und Mähnenschafe zum Beispiel. Das sorgt für Unterhaltung und vertreibt die Langeweile.**

spazierenreiten und laust sein Fell. Schimpansen- und Gorillababys rollen sich zusammen in eine Wolldecke ein, und der Delfin schwimmt mit dem kalifornischen Seelöwen im Duett. So etwas gibt es nur im Zoo. Denn hier herrschen andere Gesetze als in der freien Natur. Es ist alles erlaubt, was den Tieren gut tut, ihrer Gesundheit und ihrem Wohlbefinden dient.

Der Zoo ist ein von Menschen gestalteter Ort. Er kann den Tieren vielleicht nicht ihren natürlichen Lebensraum ersetzen, ihnen aber trotzdem eine gute und angenehme Umgebung bieten. Ein Affe braucht nicht unbedingt einen Urwald, aber alle wichtigen Lebensbedingungen daraus: Klettermöglichkeiten, die richtige Temperatur und Luftfeuchtigkeit, Versteckplätze und eine passende Ernährung.

Säugetiere: dem Menschen am nächsten

Säugetiere sind die geistig am höchsten entwickelten Lebewesen der Erde. Der Delfin unterscheidet runde von eckigen Gegenständen, die Robbe spielt Ball mit dem Tierpfleger, und die Gorillafrau bricht kleine Zweige von großen Ästen und entfernt das Laub, um sich Stocherwerkzeug herzustellen. Zu solchen Denkleistungen sind Säugetiere fähig. Und natürlich wir Menschen, aber wir sind ja auch Säugetiere.

Es gibt viele Gegensätze bei den Säugetieren. Der schnelle Gepard erreicht kurzzeitig eine Geschwindigkeit von über 100 Kilometern pro Stunde – so schnell, wie ein Auto auf der Landstraße fahren darf. Das Faultier dagegen hängt stundenlang bewegungslos am Baum. Eine nur eineinhalb Gramm schwere Fledermaus passt in einen Fingerhut, der 35 Meter lange Blauwal ist aber so lang wie drei Schulbusse.

Doch eines haben alle Säugetiere und die Menschen gemeinsam. Ob sie nun, wie der Eisbär, ihr Junges zum Wärmen unter den Arm klemmen oder es, wie das Känguru, in den Beutel stecken: Alle Säugetiere ernähren ihre Jungen mit der körperwarmen Milch der Mutter.

Anpassungskünstler

Nur Vögel und Säugetiere haben eine beständige Körpertemperatur, die nicht nur von der Umgebungstemperatur abhängt. Deshalb können Säugetiere in allen möglichen Klimazonen leben, vom klirrend kalten Eismeer bis zu den in der Hitze flimmernden Wüsten Afrikas. Als die Erde sich vor vielen Millionen Jahren abkühlte, wurde es den Sauriern zu kalt. Sie konnten sich dem neuen Klima nicht anpassen und starben aus.

▲ **Elefant und Mensch im Zoo. Tasten, fühlen, kennenlernen.**

▼ **Die Saurier starben vor über 60 Millionen Jahren aus. Es fehlte ihnen die Eigenwärme. Das war die große Chance für die Säugetiere.**

Eine weitere große Hilfe bei der Anpassung an unterschiedliche Lebensräume ist das Haarkleid. Haare schützen die Haut vor Sonnenstrahlen, vor eisigem Wind und Kälte. Und im Wasser halten Haare zum Beispiel den Eisbär beim Tauchen trocken wie ein Tauchanzug.

▲ Auf die Haare ist Verlass. Sie schützen vor Wärme und Kälte, vor Nässe und Trockenheit.

Viel Geduld

Für eine erfolgreiche Spurensuche im Zoo benötigen wir ein paar besondere Eigenschaften. Denn im Zoo erwarten uns Persönlichkeiten, Lebewesen mit eigener Natur und eigenem Willen. Tiere tun nicht immer, was wir wünschen. Wir brauchen also eine gehörige Portion Geduld, wenn wir die Tiere in Aktion sehen wollen. Der Eisbär jagt nur hinter dem Wasserkanister her, wenn er Lust dazu hat. Das Gorillababy döst vielleicht gerade in sein Schmusetuch gewickelt, wenn wir es spielen sehen wollen. Das Küken schlüpft nicht auf Befehl aus dem Ei. Der Fischotter hütet seine Kinderstube und will nicht gestört werden, und bei den Bibern ist auch nichts los, denn die Biberfamilie hält Mittagsschlaf in ihrem Bau.

▶ Auch während der Ruhezeiten können wir die Schönheit der Säugetiere bewundern.

Lohn fürs lange Warten

Vielleicht gelingt es uns trotzdem, im Vorübergehen das Nilpferd beim Toben und den Delfin beim Ballspielen zu sehen. Doch das Kennenlernen von Tieren kostet Zeit. Denn von unseren Erwartungen wissen die Tiere nichts. Tieruhren schlagen anders als Menschenuhren. Ihr Rhythmus ist bestimmt von Tages- und Jahreszeit, Nahrungsaufnahme, Fortpflanzung, Wach- und Ruhezeiten. Doch wenn wir Geduld haben, werden wir belohnt und erkennen Dinge, die wir nie vermutet hätten. Wenn wir den Tiger fressen sehen, den Löwen brüllen hören, das Nilpferd riechen und das Fell des Esels und der Ziege fühlen, erfassen wir die wunderbare Vielfalt und Eigenart der Säugetiere, die heute mit uns zusammen die Erde bewohnen.

Tierpflege – rund um die Uhr

Die Tierpfleger sind die wichtigsten Menschen für alle Zootiere. Von ihnen hängt das Wohlbefinden der Tiere ab. Tierpflege ist eine große Aufgabe, die nur mit viel Tierliebe zu bewältigen ist, denn Tiere wollen an allen Tagen und zu jeder Jahreszeit versorgt sein. Die Pfleger können nicht nur die ganze Zeit mit ihren Schützlingen spielen, sondern sie müssen auch die unbequemen Arbeiten erledigen: die Gehege putzen, die Tiere bei Krankheit

▼ **Zur Tierpflege gehört viel Tierliebe. Denn es gibt auch viele unbequeme Aufgaben zu erledigen.**

▲ **Im Zoo erwarten uns Persönlichkeiten.**

versorgen, Verbände wechseln und wie Herr Scholl bei der Elefantenfußpflege ins Schwitzen kommen.

Die Tiersprache verstehen

Die Tierpfleger zeigen uns, Tiere „mit dem Herzen" zu sehen. Das ist die wichtigste Voraussetzung für eine erfolgreiche Spurensuche im Zoo. Wolfgang Sched sieht dem Zebra an den Ohrenspitzen an, ob es gut oder schlecht gelaunt ist, und der Ruf des Delfins sagt Jürgen Klinckert gleich, ob er spielen oder seine Ruhe haben möchte. Ein Blick in Augen und Gesicht ihrer Tiere genügt, und die Tierpfleger verstehen, was ihnen die Tiere heute sagen wollen und in welcher Stimmung sie sich befinden.

Wenn es uns wie den Tierpflegern gelingt, die Tiere mit dem Herzen zu sehen, dann wird es im Zoo auf einmal lebendig. Da wirft uns der Delfin einen Ball entgegen, die Augen des Zebras kreuzen prüfend unseren Blick, und der Elefant betastet uns mit seinem Rüssel. Wir entdecken Spuren hin zu den Tieren, über die wir vorher achtlos hinweggegangen wären, und stehen staunend vor dem großen Wunder der Natur.

Säugetiere

- sind zusammen mit dem Menschen die geistig am höchsten entwickelten Lebewesen.
- können eineinhalb Gramm (Schweinsnasen-Fledermaus) oder auch 130 000 Kilogramm (Blauwal) wiegen.
- ernähren ihre Jungen mit Milch, benötigen Luft zum Atmen, tragen oft ein Fell und haben eine beständige, eigene Körpertemperatur.
- gibt es seit mehr als 60 Millionen Jahren. Als die Dinosaurier ausstarben, war mehr Platz für die Säugetiere.
- sind Grundstücksbesitzer. Sie haben ein eigenes Revier.

2 Der Löwe: Große Katze auf leisen Sohlen

▲ Der Löwe ist etwa zehn Zentimeter höher als die Löwin und wiegt etwa 50 Kilogramm mehr.

Löwen sind Raubtiere. Das typische Merkmal der Raubtiere ist ihr Gebiss mit riesigen Eckzähnen, die wie Dolche hervorstehen. Die Löwen ernähren sich nur vom Fleisch anderer Beutetiere. Sie zählen zur Familie der Katzen. Löwen sind die geselligsten Katzen, die es gibt. Sie leben in Rudeln und ziehen ihre Kinder gemeinsam groß. Einst erstreckte sich ihr Lebensraum über ganz Afrika bis nach Indien. Ob Savanne, Steppe oder Halbwüste – Löwen lebten überall dort, wo es geeignete Beutetiere gab. Der Afrikanische Löwe ist heute noch in Gebieten Ost- und Westafrikas anzutreffen und in Nationalparks. Etwa 280 Indische Löwen leben noch in einem Reservat im Nordwesten Indiens.

Das größte Raubtier Afrikas

Es gibt mehr als 230 Raubtierarten. Manche sind nur 300 Gramm leicht und weniger als 50 Zentimeter lang, andere etwa 170 Kilogramm schwer. Der Löwe ist so ein „Schwergewicht" unter den Raubtieren. In der Serengeti in Afrika gibt es sogar Löwenmännchen, die bis zu 260 Kilogramm wiegen können! Ein Löwenweibchen hingegen wiegt „nur" etwa 126 Kilogramm. Von den 66 Raubtierarten in Afrika sind Löwe und Löwin damit die größten und schwersten Raubtiere.

◀ Yamuna ist Bhagiraths viertes Kind. Sie lebt in Zürich.

Löwen sind Katzen

Es gibt etwa 35 verschiedene Katzenarten. Zu den Großkatzen zählen Löwe, Tiger, Leopard, Jaguar und Schneeleopard.

Wilde Katzen sind sich sehr ähnlich und haben vieles mit der Hauskatze gemeinsam. Ihr Körper ist lang und geschmeidig, und sie haben einen langen Schwanz. Ihr Gesicht ist eher rundlich, und sie haben nach vorne gerichtete Augen. Tagsüber sehen Katzen etwa so gut wie der Mensch, aber nachts ist ihre Sehkraft mindestens sechsmal so groß wie die der Menschen.

▲ Die Barthaare von Löwen sind bei jedem Tier anders. Sie sind so einmalig wie ein Fingerabdruck.

▲ Fiele Azlan vom Baum herunter, würde er wie alle Katzen auf den Pfoten landen. Er fällt aber nicht, denn alle Katzen halten gut das Gleichgewicht. Katzen sind außerdem geschickte Kletterer, auch der Löwe.

Katzen haben dreieckige bis runde Ohren und auffallend lange Barthaare auf der oberen Lippe. Das ist ein deutliches Zeichen dafür, wie wichtig Fühlen, Tasten und Riechen für Katzen ist.

Der Löwe Bhagirath und die Löwin Mena im Züricher Zoo waren ein Geschenk des Indischen Volkes an die Schweiz. „Unsere Löwen mögen besonders gerne den Geruch von Gewürzen", erzählt Tierpfleger René Lechleitner. „Wir geben Ästen den Geruch von Küchenkräutern wie Rosmarin, Estragon oder Liebstöckl. Bhagirath schnuppert dann stundenlang, beißt genüsslich an den Zweigen herum oder reibt sich wohlig an ihnen." Wäre Bhagirath eine Hauskatze, würde er vor Begeisterung schnurren, doch das können Großkatzen nicht.

▲ Das Gebiss der Katzen ist eine gefährliche Waffe. Doch das richtige Zubeißen müssen junge Löwen von der Mutter lernen und lange üben. Sonst hätten die kleinen Löwen vor ihrer Beute mehr Angst als umgekehrt.

Die Waffen der Katzen

Es gibt Raubtiere, die außer Fleisch auch Pflanzen und Früchte fressen. Doch Katzen ernähren sich nur von Fleisch. Für die Beutejagd hat die Natur sie ganz besonders ausgerüstet.

Das angeborene Verhalten von Raubtieren, Beute zu jagen, zu packen, zu töten und zu fressen, ist bei allen Katzen gleich, vom Löwen bis zur Hauskatze. Meist rennen oder springen sie der Beute nach und packen sie von hinten oder an der Schulter mit einer Vorderpfote. Mit den langen scharfen Eckzähnen greifen und durchbohren sie das Opfer. Die Backenzähne arbeiten wie Fleischscheren, die Fleisch durchtrennen und Knochen brechen können. Mit einem präzisen Biss töten sie kleine und ersticken große Beutetiere.

Weiche Pfoten – scharfe Krallen

Katzen haben große, weich gepolsterte Füße. Doch in den Zehen sind spitze, scharfe Krallen verborgen, die sich fast bei allen Katzen ein- und ausziehen lassen. Sie dienen dazu, Beutetiere festzuhalten und auf den Boden zu reißen. Beim lautlosen Anpirschen an die Beute wären ausgezogene Krallen aber ein Hindernis.

Mit „Köpfchen“ auf die Jagd

Bei der Jagd sind Löwen höchstens 48–59 Kilometer pro Stunde schnell – viel langsamer als ihre Beutetiere. Da sie dieses Tempo außerdem kaum länger als zehn Minuten durchhalten, müssen sie intelligent vorgehen. Sie müssen vorher abschätzen, ob es sich lohnt, ein Beutetier anzugreifen. Ein erfahrener Löwe sprintet erst dann los, wenn das schnellere Beutetier nicht mehr als 30 Meter von ihm entfernt ist und ihm den Rücken zuwendet.

Zusammen geht's leichter

Normalerweise fressen Raubtiere Beutetiere, die kleiner sind als sie selbst. Die Löwen sind da eine Ausnahme. Manche erlegen Büffel, die viermal so schwer sind wie sie selbst. Oder sogar einen Giraffenbullen, der über 1000 Kilogramm wiegt.

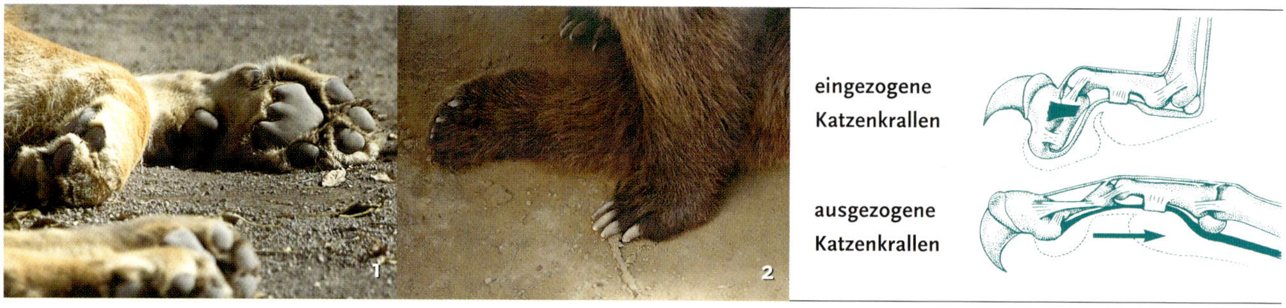

▲ Raubtiere haben unterschiedliche Krallen. Die scharfen Krallen der Löwenfüße (1) lassen sich wie bei fast allen Katzen ein- und ausziehen. Die Krallen der Bärentatzen (2) sind im Vergleich dazu stumpf. Sie sind immer ausgezogen und nutzen sich ab.

Doch um so ein Tier zu erlegen, jagen Löwen und Löwinnen zusammen. Die schnelleren Löwinnen hetzen und umzingeln ein großes Beutetier, und der stärkere Löwe tötet es.

Jagen Löwen gemeinsam, dann teilen sie auch die Beute. Katzen sind sparsam. Sind sie satt, verstecken sie die Reste und bedecken sie mit Gras und Blättern. Sie suchen das Beuteversteck immer wieder auf, bis sie alles aufgefressen haben.

◀ Löwen halten sich zwar nicht so oft auf Bäumen auf wie andere Katzen, trotzdem können sie gut klettern und hoch springen. Sie sind auch gute Schwimmer.

◀ Nach dem Erlegen eines Beutetieres trinkt der Löwe und säubert sich die Tatzen und das Fell.

Leckerbissen im Zoo

„Im Zoo Rotterdam frisst jeder Löwe fünf bis sieben Kilogramm Rindfleisch mit Knochen pro Tag", berichtet Tierpfleger Dennis Blomjous. „Doch zur Abwechslung gibt es einmal pro Woche Hühnchen. Das mag besonders die junge Tara. Damit die Löwen in Bewegung kommen und beschäftigt sind, hängen wir die Hähnchen fünf Meter hoch in der Baumkrone auf. Selbst erwachsene Löwen, die nicht so gut klettern können wie die kleinen, erklimmen den Baum ohne Anstrengung oder springen dank der starken Beinmuskeln die fünf Meter problemlos hoch. Tara bietet den Besuchern bei der Fütterung eine besondere Akrobatenvorstellung. Sie holt sich die Hühnchen gar nicht erst vom Baum herunter, sondern verzehrt sie gleich an Ort und Stelle. Einmal pro Woche legen wir einen Fastentag ein. Mariet nimmt dann gerne einen Knochen zum Knabbern mit in ihr Nachtquartier – als Trostpflaster, weil es sonst nichts gibt."

▼ Die Kleinen müssen warten. Erst frisst sich der Löwe satt, dann die Löwinnen. Zum Schluss kommen die Jungen an die Reihe. Dieses Gesetz gilt für die Löwen im Zoo genauso wie für Löwen in der Wildnis.

▲ Azlan (links) kommt seinem Vater Frits (rechts) lieber nicht zu nahe. Schließlich ist Frits der Chef des Rudels und duldet keine Konkurrenz.

Familienleben in der Wildnis

Der Löwe ist die einzige gesellige Katze. Sie hat ein richtiges Familienleben. Ein Löwenrudel kann aus drei bis fünf, aber auch aus 40 Löwen bestehen. Das Rudel besetzt ein Jagdgebiet, das groß genug ist, um die Rudelmitglieder zu ernähren. Es wird gegen fremde Löwen verteidigt. Dieses Revier kann nur 20 Quadratkilometer groß sein, aber auch 400 Quadratkilometer umfassen.

▲ ▶ Löwen sind Genießer. In den unglaublichsten Stellungen ahlen sie sich in der Sonne.

Die Löwinnen sind meistens miteinander verwandt. Sie sind Nachkommen von Löwinnen, die über viele Generationen in diesem Revier gelebt haben. Vor allem das liebevolle Verhältnis zwischen Müttern und Töchtern hält ein Rudel gut zusammen.

Die Löwenfamilie im Zoo

Im Zoo Rotterdam wohnen der freundliche Löwe Frits und die Löwinnen Ingrid, Heleen und Mariet. Sie sind alle 15 Jahre alt. „Ingrid ist etwas ängstlich, Mariet öfter knurrig und Heleen eigentlich zu lieb für eine Löwin," erzählt Dennis Blomjous. „Heleen lässt sich für ihr Leben gerne durch die Gitterstäbe hindurch kraulen, das ist für Löwen nicht alltäglich." Die zweijährigen Geschwister Azlan und Tara sind die Kinder von Heleen.

Löwen sind „Schlafmützen"

Löwen schlafen viel. Wenn sie ungestört sind, ruhen sie 20 bis 21 Stunden am Tag. Darum ist es ein Glücksfall, Frits und seine Familie in Aktion zu erleben. Denn Löwen vergeuden ihre Kräfte nicht.

Bewegung im Rudel

Plötzlich erheben sich Mariet und Ingrid von ihren Ruheplätzen, und Frits folgt den Löwinnen mit furchterregendem Gebrüll. Seine Kinder flüchten schleunigst vor dem mächtigen Papa. Tara versteckt sich unter dem Christbaum und Azlan geht in Deckung auf dem nächsten Baumstamm. Mit erhobenem Schwanz schreitet Frits sein Territorium ab und beschnuppert Mariet. Sein Schwanz ragt dabei senkrecht in die Höhe. Der Schwanz dient als Fliegenpatsche, zum Halten des Gleichgewichts, aber auch zum Ausdruck von Gefühlen und Stimmungen.

Lieber Frieden als Kampf

Kämpfe unter Katzen sind für alle Beteiligten gefährlich. Ein friedliches Zusammenleben ist also besonders wichtig. Um überraschende Zusammenstöße zu vermeiden, setzen die Löwen Duftmarken, das heißt sie markieren ihr Territorium mit ihrem Urin. So wissen andere Löwen, dass ein bestimmtes Gebiet bereits besetzt ist und können sich fern halten.

Wie sich Löwen verständigen

Katzen verständigen sich im engen Familienkreis mit dem Körper, dem Gesicht, durch Geruch und Berührungen, um ihre Gefühle und Absichten auszutauschen. Der Löwe setzt mehr als 17 verschiedene Körpersignale ein, 13 Rufe, fünf unterschiedliche Geruchssignale und sieben verschiedene Berührungen.

So funktioniert auch die Verständigung mit dem Menschen. Der Raubtierpfleger René Lechleitner schwärmt von Mena im Zoo Zürich: „Wenn sie besonders gut aufgelegt ist, kann sie mich mit ihrem Blick zum Schmelzen bringen. Zwinkere ich ihr mit dem Auge zu, zwinkert sie zurück. Bin ich jedoch schlecht gelaunt und schimpfe mit ihr, riskiere ich, dass sie vielleicht beleidigt ist. Dann verliere ich ihr Vertrauen, das ich im Laufe von vielen Monaten mit so viel Geduld gewonnen habe."

▲ **Unter Familienmitgliedern gibt es eine Begrüßungszeremonie. Die Löwen beschnuppern sich gegenseitig und reiben die Köpfe aneinander.**

◀ **Löwen brauchen eine stattliche Größe und eine beeindruckende Mähne, um Weibchen für sich zu gewinnen.**

Der Löwe: König der Tiere

Jeder kann es sehen: Nur Löwe Frits ist Boss im Löwenrudel im Tierpark Rotterdam. Sein großer, mächtiger Kopf wird umrahmt von einer üppigen goldbraunen Mähne, die ihm ein majestätisches Aussehen verleiht. Wahrscheinlich hat der Löwe es seiner prächtigen Mähne zu verdanken, dass ihn die Menschen zum König der Tiere erklärten. Sein gekröntes Haupt ist auf unzähligen Wappen abgebildet und wird in vielen Märchen beschrieben.

▲ Der Löwe brüllt so laut und abschreckend wie möglich. Er verteidigt sein Revier, jagt Rivalen Angst ein und stärkt die Familienbande im Rudel.

Gut gebrüllt, Löwe!

In der Wildnis braucht der Löwe Macht und Stärke zum Überleben, denn er muss Revier und Rudel gegen Rivalen verteidigen. Allein schon das Brüllen und Imponierverhalten können darüber entscheiden, ob es zwischen zwei Gegnern überhaupt zum Kampf kommt. Brüllt ein Löwe aus vollem Hals, ist er über acht Kilometer weit zu hören. Erkennt ein Rivale dann seinen Nachteil, weil er zum Beispiel kleiner ist, zieht er sich zurück. Kommt es aber zum Kampf, schützt die Mähne den Löwen vor Prankenhieben, Krallen und Zähnen des Gegners.

Nur mit Mähne an die Macht

Der junge Azlan war als Baby gefleckt und glich einem wolligen Knäuel. Ab dem dritten Monat entwickelte sich sein kurzhaariger Erwachsenenpelz, aber schwache Flecken können auch bei den großen Löwen noch sichtbar sein.

Nur die Männchen tragen eine Mähne, die unterschiedlich lang und dick sein kann. Jetzt ist Azlan zwei Jahre, und die Mähne ist gerade sichtbar. Sie entwickelt sich vollständig mit dem fünften Lebensjahr – dem Beginn des stärksten Mannesalters eines Löwen. Doch schon mit acht Jahren verlieren Löwen an Gewicht, und die Mähne geht ihnen aus. In der Wildnis werden nur wenige Löwen älter als 12 bis 15 Jahre, im Zoo können sie mehr als 25 Jahre erreichen. Manchmal bleibt die Mähne unentwickelt, wenn es einem Löwen an Macht im Rudel fehlt. Auch Azlans Mähne wächst nicht mehr, da sein Vater das Rudel anführt.

Die Wildnis ruft

Spätestens mit drei Jahren müssen junge Löwenmännchen in der Wildnis das Elternrudel verlassen, weil der Rudelführer sie nicht länger duldet. Oft verlassen Brüder gemeinsam das Rudel. Als Erwachsene kämpfen sie Seite an Seite, um selbst eine Löwin und ein eigenes Rudel zu erobern.

▼ Die meisten Katzen haben eine gepunktete, gestreifte oder klecksige Fellzeichnung.
1 Löwe, 2 Tiger, 3 Jaguar

1

2

3

Hätte Azlan sein eigenes Rudel oder könnte er alleine leben, würde seine Mähne dieselbe Pracht entfalten wie die seines Vaters. Doch da er im Rudel lieber unauffällig bleiben muss, bleibt die Mähne eben kurz. Als möglicher Konkurrent ist Azlan seinem Vater sowieso schon ein Dorn im Auge. In der Wildnis wäre es jetzt für ihn an der Zeit, das Weite zu suchen

▲ **Auch wenn Azlan älter wird, wird seine Mähne nicht mehr wachsen, solange Frits der Chef des Rudels ist. Jetzt ist es besser, nicht aufzutrumpfen.**

Löwenkinder

Löwinnen bekommen im allgemeinen zwei bis vier Junge. Bei der Geburt wiegen sie nur ein bis zwei Kilogramm, sind blind und völlig hilflos. Nach drei bis elf Tagen öffnen sie die Augen und können mit 10 bis 15 Tagen laufen. Die Babys werden sieben bis neun Monate lang gesäugt. In der Wildnis haben sie die besten Überlebenschancen, wenn mehrere Mütter zur gleichen Zeit Junge bekommen. Dann versorgen die Mütter ihren Nachwuchs gegenseitig mit Milch und lassen auch die fremden Babys bei sich säugen, wenn die eigene Mutter gerade mal nicht da ist.

▲ **„Tara benimmt sich wie ein Clown. Sie hat immer Unfug im Kopf, und die Zoobesucher haben mit ihr viel zu lachen", erzählt Dennis Blomjous.**

Spielen macht Spaß

Tara und Azlan sind zwar schon fast so groß wie die erwachsenen Löwinnen, aber sie sind mit zwei Jahren noch Kinder und spielen gerne. „Tara hat immer Blödsinn im Kopf. Sie ärgert ihren Bruder gerne und deckte ihn kürzlich mit einem Christbaum zu", erzählt Dennis Blomjous. „Sie spielt auch gerne Ball mit ihrer zehn Kilogramm schweren Bowling-Kugel, die sie mit den Pfoten jongliert."

Der Löwe

- **brüllt so laut und abschreckend wie möglich, um sein Rudel und sein Revier zu verteidigen.**
- **läuft höchstens zehn Minuten lang 50 Kilometer pro Stunde schnell, um ein Beutetier zu jagen. Nur mit Intelligenz kann er die viel schnelleren Beutetiere trotzdem überlisten.**
- **lässt sich am liebsten die Sonne auf den Pelz scheinen. Er ruht gerne 20 Stunden lang am Tag.**
- **ist die geselligste aller Katzen. Löwinnen ziehen ihren Nachwuchs gemeinsam groß.**

3 Der Wolf: Scheuer Langstreckenläufer

▲ Wölfe und Hunde haben sehr ähnliche Verhaltensweisen. Beide verständigen sich untereinander mit viel sagenden Gesichtsausdrücken.

Die Wölfe zählen zur Familie der Hunde. Sie haben leicht gebaute, schlanke Beine; darum sind sie schnelle und ausdauernde Läufer. Sie riechen, hören und sehen sehr gut. Wölfe sind auch besonders anpassungsfähig; darum waren sie auf der ganzen Welt verbreitet. Doch sie wurden vom Menschen wegen ihres Pelzes, aus Angst oder wegen ihrer Jagd auf die Haustiere des Menschen in vielen Gegenden der Welt ausgerottet. Die meisten Wölfe leben noch in den weiten menschenleeren Gegenden Kanadas.

Vor etwa 15.000 Jahren begannen die Menschen, Felder zu bestellen und sich feste Unterkünfte zu bauen. Da durften auch Haustiere nicht fehlen. Zu den ersten wilden Tieren, die der Mensch als Hausgenossen zähmte, gehört der Wolf. Alle unsere Haushunde stammen vom Wolf ab. Manche Schäferhunde sehen dem Wolf ja immer noch zum Verwechseln ähnlich. Wölfe sind Raubtiere. Sie ernähren sich hauptsächlich von großen Säugetieren, von Rehen, Elchen, Bergziegen und Bergschafen.

In früheren Zeiten war der Wolf eine Bedrohung für den Menschen. Wenn er in harten Wintern keine wild lebenden Beutetiere fand, riss er die Haustiere des Menschen. Uralte Geschichten berichten von wütenden Wolfsrudeln, die ganze Dörfer überfielen und nicht nur Ziegen, Schafe und Rinder fraßen, sondern auch vor den Menschen nicht Halt machten. So entstanden die Schauergeschichten vom bösen Wolf. Eigentlich sind Wölfe sehr scheue Tiere und nähern sich dem Menschen nur in Ausnahmefällen.

Alle kennen den bösen Wolf aus dem Märchen. Am Ende der Geschichte sind Rotkäppchen und die Großmutter gerettet und der Übeltäter, der „böse Wolf", ist tot. So ging es ihm auch in Wirklichkeit, denn er wurde fast bis zur Ausrottung verfolgt und gejagt.

Spagetti mit Tomatensoße

Heute leben Wölfe in Europa nur noch in den Waldgebieten des Ostens und in unzugänglichen Bergregionen einiger südlicher Länder wie Italien, Spanien und Portugal. Ein paar Wölfe gibt es auch wieder in Frankreich. Diesen Wölfen ist es gelungen, sich bis heute auch in einigen von Menschen dicht besiedelten Gegenden durchzuschlagen. Ein Beispiel sind die Wölfe in Italien.

In der Gebirgskette der Apenninen, nicht weit weg von der italienischen Hauptstadt Rom, leben die Wölfe ganz in der Nähe der menschlichen Ansiedlungen. Dort finden sie kaum noch wild lebende Beutetiere, wie einst in den unbesiedelten Bergen und Wäldern. Tagsüber verstecken sich die Wölfe im felsigen, dicht bewaldeten Gebirge, wohin ihnen Menschen kaum folgen können. Doch nachts schleichen sie sich im Schutz der Dunkelheit in die menschlichen Siedlungen und zu den Bauernhöfen herunter, um auf Misthaufen und Müllhalden nach Schlachtabfällen und Nahrungsresten zu suchen. Ohne Pizza, Nudel- und Kotelettreste des Menschen wären die Wölfe in Italien schon längst ausgestorben. Hier reißen die Wölfe nur noch selten Schafe und haben sich notgedrungen an menschliche Abfälle gewöhnt.

▲ **Der Europäische Wolf lebt in Italien auch in der Nähe menschlicher Siedlungen. Er hat sich inzwischen damit abgefunden, dass es fast keine wilden Beutetiere mehr für ihn gibt. Die menschlichen Abfälle bewahren ihn vor dem Aussterben.**

Wie der Weiße Wolf in der Arktis überlebt

Der natürliche Lebensraum der Weißen Wölfe ist die bitterkalte Gegend um den Nordpol, die Arktis. Das ist die Heimat der Weißen Wölfe im Zoo von Leipzig.

Der Weiße Wolf ist ein echter Überlebenskünstler. Denn in seiner natürlichen Heimat gibt es nur Gletscher und Eis, kahle Berge und Hügel und weite Flächen aus steinigem Geröll. Vier bis fünf Monate im Jahr ist ständig Nacht und neun Monate im Jahr sind die spärlichen Pflanzen von Schnee bedeckt.

Es ist gar nicht so einfach, in der Eiswüste etwas Essbares zu finden. Junge Schneehasen zum Beispiel, ein Leckerbissen für den Weißen Wolf, sind sehr gute Läufer und machen es dem Wolf nicht leicht, sie

▲ Die Timberwölfe fressen etwa 1,4 Kilogramm pro Tag. Zwischendurch gibt es auch einen Hungertag.

▲ Die Weißen Wölfe können etwa 16 Jahre alt werden. Allerdings erleben sie dieses Alter unter den harten Lebensbedingungen der Arktis nur sehr selten. Dort sind elf Jahre schon ein stattliches Alter für einen Wolf.

zu fangen. Oft geht die Verfolgungsjagd über mehrere Kilometer hinweg und der Wolf bekommt nur etwas zu fressen, wenn er ausdauernd genug ist. Auf der Suche nach Beute wandern die Weißen Wölfe bis zu 800 Kilometer weit.

Riesenhunger

Im Wiener Tiergarten Schönbrunn leben Timberwölfe. Einst waren sie die am weitesten verbreiteten Wölfe in Nordamerika, aber heute überleben sie nur noch in Gegenden, die von Menschen dünn besiedelt sind.

Der Tierpfleger Andreas Eder verfüttert täglich etwa zwei Kilogramm Fleisch vom Rind, Pferd, Kaninchen, Küken, Ratten oder Meerschweinchen an seine Schützlinge. Ganzkörperfutter mit Fell und Knochen soll es sein, wie bei allen Raubtieren. Einmal pro Woche wird ein Fastentag eingelegt.

Bei der Jagd in der freien Natur arbeiten die Wölfe zusammen, um gemeinsam ein Beutetier zu erlegen. Die wichtigste Nahrungsquelle der Weißen Wölfe in der Arktis sind die Moschusochsen. Sie leben in Herden mit etwa 30 Tieren. Wird eine Herde von Wölfen angegriffen, dann drängen sich die erwachsenen Ochsen im Halbkreis oder Kreis zusammen und bilden eine dichte Verteidigungslinie. Die Jungtiere nehmen sie in die Mitte. Moschusochsen sind gefährliche Gegner. Die schweren Hufe eines männlichen Bullen mit 500 Kilogramm Gewicht können einen 80 Kilogramm schweren Wolf im Nu zermalmen.

◀ Die Moschusochsen bilden eine Verteidigungslinie, um sich vor den angreifenden Wölfen zu schützen. Gelingt es den Wölfen jedoch, diese Linie zu durchbrechen, dann sind die Jungtiere der Moschusochsen in großer Gefahr.

Geschickt pirschen sich die Wölfe heran und versuchen, die Moschusochsen nervös zu machen. Gelingt ihnen das, dann geben die Moschusochsen die schützende Verteidigungslinie auf und suchen ihre Rettung in der Flucht. Doch darauf haben die Wölfe nur gewartet. Jetzt können sie zwischen die Herde laufen und vielleicht einem der schwachen oder jungen Moschusochsen auflauern und ihn von der Herde trennen.

Wenn die Wölfe dann nach mehreren Stunden Jagd ein Beutetier erlegt haben, frisst jeder Wolf so viel, wie er kann. Von einem Beutetier bleibt rein gar nichts übrig. Denn Fleischreste werden in einem Vorratsversteck für schlechte Zeiten im Boden vergraben.

Wie sich Wölfe im Zoo die Zeit vertreiben

Schlafen ist die Lieblingsbeschäftigung der Wölfe, wenn die Nahrung gesichert ist. Auch in der Wildnis schlafen sie manchmal bis zu zwölf Stunden lang. Den Rest der Zeit verbringen sie mit Spielen und der Aufzucht ihrer Jungen. Im Zoo brauchen sie nicht zu jagen, deswegen lassen sich die Tierpfleger andere Beschäftigungen für die Wölfe einfallen.

„Alle Tiere im Zoo können abwechslungsreich beschäftigt werden", betont Jörg Gräser, der Pfleger der Weißen Wölfe in Leipzig. Der Geruchssinn ist bei Wölfen besonders stark ausgeprägt. Darum bietet jeder neuartige Geruch eine besondere Abwechslung und wird von den Wölfen aufgeregt begutachtet und zur Kenntnis genommen. „Wir tränken Lappen mit dem Geruch von Meerschweinchen oder Gewürzen und Äste und Baumstämme mit Fleischsoße oder mit dem Geruch von Pferdemist. Die Wölfe sind dann mehrere Stunden lang damit beschäftigt, diese Gegenstände zu zerlegen und damit zu spielen."

▲ **Wölfen fallen in der Wildnis vor allem alte, kranke, durch Unterernährung geschwächte oder verletzte Tiere zum Opfer. Zwischendurch müssen sie viele Tage fasten und ohne Nahrung überleben.**

▲ **Die Weißen Wölfe in Leipzig spielen gerne mit Gegenständen, die mit Gerüchen von Tieren oder Gewürzen versehen sind.**

▲ Die Timberwölfe sind recht verspielte Gesellen. Sie necken gerne ihre Tierpfleger, wenn sie ins Gehege kommen.

Auch Pfleger Andreas Eder aus Wien kann von seinen verspielten Schützlingen berichten. „Wenn ich zur Fütterung zu den Wölfen in das Gehege gehe", erzählt er, „dann versuchen sie immer wieder, mich zum Mitspielen zu bewegen. Sie tun so, als wollten sie mir den Schubkarren umschmeißen und kauen am Handgriff. Drehe ich ihnen nur einen Moment lang den Rücken zu, dann ziehen sie mir heimlich den Rechen weg und verstecken ihn im Gehege, damit ich ihn suchen muss. Manchmal zieht mir einer sogar einen Spachtel aus der Hosentasche und macht sich damit aus dem Staub. Bei uns in Schönbrunn spielen die Wölfe auch gerne mit Bällen, mit Strohballen und mit gefüllten Säcken, die wir für sie an den Bäumen aufhängen."

Leben im Rudel

Im Tiergarten Schönbrunn bilden neun schwarz-graue und fast weiße Timberwölfe ein Rudel, vier Männchen und fünf Weibchen. Ein Wolfsrudel ist oft einfach eine große Familie. Zwei Tiere bilden ein Paar und haben jedes Jahr neuen Nachwuchs.

▲ Bei der Aufzucht der Welpen hilft das ganze Wolfsrudel mit. Doch meistens besitzen nur die Leitwölfe das Recht auf Nachwuchs.

▲ Imponierverhalten:
Will ein Wolf andere auf sich aufmerksam machen, trägt er den Schwanz so hoch wie möglich und macht dazu ein ernstes, aber freundliches Gesicht. Beim Leitwolf ist dieser Ausdruck am häufigsten zu beobachten.

▲ Unterwerfung:
Diese Wölfe zeigen, dass sie die Herrschaft des Leitwolfs anerkennen. Sie ducken sich, legen die Ohren flach an und ziehen die Mundwinkel nach hinten. Der Schwanz wird zwischen die Beine geklemmt.

▲ Drohverhalten:
Wenn der Wolf einem anderen Tier oder einem Menschen drohen will, zieht er seine Lippen zurück und zeigt die Zähne. Der Schwanz wird halb emporgehalten getragen. Oft knurrt der Wolf und die Nackenhaare stehen aufrecht.

Die Jungen verlassen als Ein- oder Zweijährige das Rudel oder bleiben weiterhin bei den Eltern und Geschwistern. Meistens leben fünf bis zehn Wölfe in einem Rudel. Hier herrscht eine strenge Rangordnung. Anführer ist der Leitwolf. Er trägt meistens den Schwanz nach oben und ist an seiner aufrechten Haltung zu erkennen. Durch sein Knurren zeigt er, wer der Herr im Gehege ist, und normalerweise stellt das kein anderer Wolf in Frage.

Eine Leitwölfin führt die Weibchen im Rudel an. „Bei den Wolfsdamen gibt es häufiger Ärger", erzählt Andreas Eder. „Die Wölfinnen mögen nicht so gern, dass eine andere die Anführerin ist." Kein Wunder, denn nur die Leitwölfin darf Junge bekommen. Ist der Nachwuchs dann da, kümmert sich aber das ganze Rudel gemeinsam um die Welpen. Alle Wölfe ziehen sie groß, spielen mit ihnen und versorgen sie mit Nahrung.

„Das war früher mal die Leitwölfin", sagt Andreas Eder und zeigt auf ein älteres Tier. „Sie ist die Mutter der anderen Wölfe. Jetzt ist sie alt geworden und steht in der Rangordnung ganz unten. Bei Streitereien wird sie von den anderen Wölfen manchmal ganz schön schikaniert und muss als Prügelknabe herhalten." Sonst sind Wölfe aber sehr fürsorglich und führen ein friedliches Familienleben.

Schönes Geheule

Sonntag Mittag um zwölf Uhr schallt ein durchdringender Heulchor vom Wald her durch den Wiener Tiergarten in Schönbrunn. Das gesamte Rudel der Timberwölfe stimmt in das Geheule mit ein, dann ist es wieder still.

▲ **Das Wolfsgeheule hat in der Wildnis viele Gründe.**

Heulen stärkt das Gemeinschaftsgefühl der Wölfe. Auch in der Wildnis hocken sich die Wölfe erst einmal hin und heulen, bevor sie zur gemeinsamen Jagd aufbrechen. Mit ihrem Geheule verständigen sich die Wölfe untereinander. Dabei besteht aber auch die Gefahr, dass sie feindlichen Rudeln ihren Standort verraten. Als Wolf muss man sich also gut überlegen, ob man wirklich so laut losheulen will!

Die Wölfe

- **sind die Vorfahren aller Haushunde, ob Spaniel, Dackel, Schäferhund oder Chow-Chow.**
- **sind zähe Überlebenskünstler. Sie leben in den kalten Schneestürmen der Arktis und in der heißen Wüste. Die größte Bedrohung für sie ist der Mensch.**
- **sind schlaue Jäger. Sie überlisten ihre Beute, um sie zu erlegen.**
- **sind menschenscheue Raubtiere. Sie wollen nur im Märchen die Großmutter und das Rotkäppchen fressen.**
- **haben eine ausgeprägte Körpersprache. Mit Ohren, dem Gesicht, dem Schwanz und der Körperhaltung verständigen sie sich im Wolfsrudel.**

4 Der Eisbär: Schwimmendes Landraubtier im weißen Pelz

▲ Das Wasser läuft blitzschnell von Antons glänzendem, gelblich-weißem Pelz ab.

Der Eisbär ist eine von sieben Großbärenarten. Großbären sind Landraubtiere. Sie sind Allesfresser, denn sie ernähren sich sowohl von Pflanzen als auch von Fleisch. Alle Großbären sind kräftig gebaut. Sie leben als Einzelgänger oder während der Kindheit mit der Mutter zusammen. Der Lebensraum des Eisbären ist das nördliche Eismeer, die Arktis.

Eisbär und Braunbär sind die bekanntesten Großbären. Mit ihrer Kraft haben sie die Menschen schon immer beeindruckt. Darum erscheint der Bär auch häufig in Märchen und Sagen. Eisbären sind Einzelgänger. Mit Ausnahme der Zeit, in der sie sich um die Entstehung von Nachwuchs kümmern, streifen sie allein durch die riesigen Eiswüsten um den Nordpol.

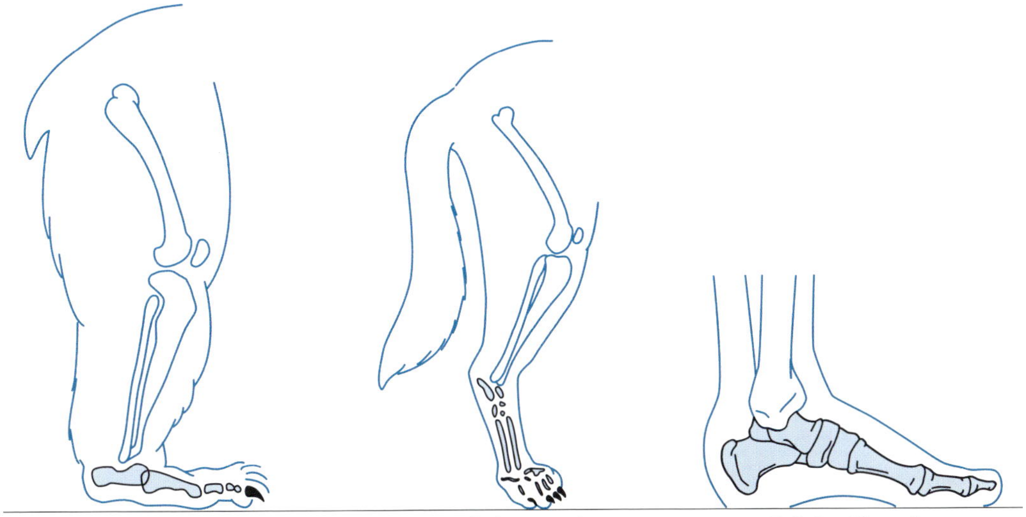

◀ Der Bär steht mit dem ganzen Fuß auf der Erde. Er ist ein Sohlengänger, genauso wie der Mensch. Wir sehen den Unterschied deutlich im Vergleich zum Hund, der ein Zehengänger ist.

Brauner oder weißer Bär: sie sind nicht zum Spaßen

Der Eisbär ist mit dem Braunbär so nahe verwandt, dass beide Bärenarten im Zoo sogar gemeinsame Junge haben könnten. Bären haben einen großen, massigen Kopf, kleine Augen und Ohren und stämmige Beine. Stark gebogene, dicke Krallen an den Zehen helfen ihnen beim Klettern und beim Fangen von Beutetieren. Die Krallen lassen sich nicht einziehen, darum werden sie stark abgenutzt.

Die Eisbären zählen zu den Riesen unter den Großbären. Sie können bis zu 1.000 Kilogramm schwer werden. Großbären können über kurze Strecken so schnell wie ein Löwe rennen, nämlich 50 Kilometer pro Stunde.

Die offene Tür

Anton und die Weibchen Hallensia, Corinna und Larissa werden von Andreas Wössner und zwei weiteren Tierpflegern betreut. „Eisbären sind ungeheuer stark und man darf die vier keinesfalls unterschätzen", warnt Andreas Wössner.

◀ ▲ Braunbären und Eisbären sind beeindruckende Riesen. Der Eisbär Anton im Stuttgarter Zoo ist 700 Kilogramm schwer. Die eher ruppigen Einzelgänger lassen nicht mit sich spaßen.

▶ **Der Eisbär besitzt einen langen und verhältnismäßig schlanken Hals. Der Kopf ist länglich und schmal, mit auffallend kleinen Ohren.**

„Hallensia ist besonders intelligent und begabt. Sie probiert alles aus, sie spielt am liebsten und schmeißt auch am häufigsten Spielzeug über die Gehegeabgrenzung hinaus."

„Vor einigen Jahren fiel beim Öffnen der Tür zu den Eisbären gleich die ganze schwere Stahltür ins Gehege", erinnert sich Andreas Wössner. „Da war es einem der Eisbären doch tatsächlich gelungen, mit der Kralle einer Pfote den Stift aus der Angel herauszuhebeln, an der die Türe aufgehängt ist. Schleunigst wurden alle Türstifte verschweißt."

Der Eisbär streckt mit einem einzigen Hieb seiner gewaltigen Pfoten ein Beutetier nieder. Doch er ist auch geschickt genug, um mit seinen Pfoten feinste Arbeiten auszuführen. Es ist lebenswichtig für die Tierpfleger, die Türen immer gut zu verschließen, sonst könnte es gefährlich werden. Denn Großbären sind die größten Landraubtiere, die es auf der Erde gibt.

Das Spiel mit dem Kanister

Die Sonne scheint warm auf den Pelz von Hallensia und plötzlich packt sie der Übermut. Sie streckt noch ein letztes Mal ausgiebig die Glieder, doch dann beginnt das Spiel mit dem Kanister. Hallensia geht

▼ **Das Wasser gehört zum natürlichen Lebensraum des Eisbären. Es darf auch im Zoo auf keinen Fall fehlen.**

▲ Die Füße des Polarbären sind lang und breit. Sie tragen kurze, dicke, gebogene Krallen.

▲ „Die Kanister halten der Begeisterung von Hallensia nicht sehr lange stand", erzählt Andreas Wössner. Nach einem Tag sind sie meistens vollständig zerlegt und Hallensia wartet auf Nachschub.

baden und nimmt ihr Spielzeug zwischen die riesigen Pfoten. Immer wieder wirbelt der wassergefüllte Kanister durch die Luft und Hallensia springt vorwärts und rückwärts dem fliegenden Kanister nach. Wo er hinplumpst, hechtet anschließend Hallensia gleich mit 350 Kilogramm Gewicht hinterher, und 100.000 Liter Wasser im Schwimmbecken kommen gewaltig ins Wogen. Mit sichtlichem Vergnügen gibt Hallensia die akrobatische Meisterleistung zum Besten und beeindruckt die Zuschauer durch ihre flinke Beweglichkeit. Hier ist etwas los und ein Schild am Eisbärengehege warnt die begeisterten Kinder: Vorsicht vor fliegenden Gegenständen!

Die Eisbären spielen auch gerne mit Autoreifen, Fässern oder großen Hartgummibällen. Doch schwerere Gegenstände müssen zur Sicherheit zusammengebunden oder mit einem Stahlseil angekettet werden. Was nicht richtig befestigt ist, schmeißen die Eisbären gerne zu den Besuchern hinter die Glasscheibe.

Bären haben eine unvorstellbare Kraft. „Sie wirbeln sogar mit 100 Litern Wasser gefüllte Fässer durch die Luft. Besonders die Kinder sind natürlich begeistert, wenn ihnen die Eisbären immer wieder ihr Spielzeug zuschmeißen und sie es zurückwerfen können. Doch das können wir nur mit leichtem Spielzeug zulassen", erzählt Andreas Wössner.

◀ Als Schutz vor der Kälte sind auch Hallensias Fußsohlen mit Ausnahme der Sohlen- und Zehenballen dicht behaart.

▲ Hallensia trieft vor Wasser, ist patschnass.

Gut gepolstert gegen Eis und Kälte

Die Arktis, das nördliche Eismeer, ist der Lebensraum des Eisbären. Es ist einer der kältesten Plätze auf der Erde. Deshalb ziehen viele Vögel und Säugetiere im Winter nach Süden. Doch einige Tiere bleiben dort und trotzen der Kälte und dem scharfen Wind, der über die Eisschollen bläst.

Der Eisbär hat sich an das Leben in Eis und Kälte besonders gut angepasst. Der lange, zottige, gelblichweiße Pelz des Eisbären erfüllt gleich mehrere Aufgaben. Die weißen Haare sammeln selbst die geringsten Sonnenstrahlen auf und leiten sie dem Körper des Eisbären als Wärme zu. Außerdem isolieren die weißen Haare so gut, dass keine Wärme aus dem Körper herauskommt und keine Feuchtigkeit hinein, denn Wassertropfen laufen von dem Pelz wieder ab. Ein dickes Fettpolster in der unteren Hautschicht schützt den Eisbären zusätzlich vor der Kälte.

Das weiße Haar dient auch als Tarnung. Fast unsichtbar auf weißem Schnee pirscht sich der Eisbär heimlich an die ahnungslosen Seelöwen heran – wie ein Feind unter einer Tarnkappe.

Eisbären sind hervorragende Schwimmer. Man hat sie schon über 60 Kilometer von der nächsten Küste entfernt schwimmen gesehen.

▼ Polarbären greifen ihre Beute überraschend an. Sie fressen Robben, Walrosse und gestrandete Wale.

▼ Nach einem Sprung ins Wasser schüttelt sich Hallensia. Das Wasser perlt von ihrem Fell ab und im Nu ist sie wieder trocken.

▲ Auch wenn Eisbären für ein Leben in der Kälte ausgestattet sind, genießen sie die warme Sonne.

Wachsen, um der größte Bär zu werden

Im tiefsten Winter, vor der Geburt ihrer Jungen, verlassen die Eisbärenweibchen die Eisschollen des Treibeises und treten eine lange Wanderung landeinwärts auf das arktische Festland an.

In einer von der Mutter gegrabenen Höhle unter Eis und Schnee kommen ein bis drei hilflose, fast nackte Junge zur Welt. Die behagliche Wärme der Höhle und der kolossale Körper der Mutter, der wie ein Heizofen wirkt, bewahrt die nur 400 Gramm leichten Jungen vor dem Kältetod. Zusätzlich klemmt die Mutter die Kleinen zum Wärmen unter die Arme.

Die Winzlinge säugen eine besonders nahrhafte Milch, damit sie schnell groß und kräftig werden. Denn im März müssen sie die Mutter auf dem beschwerlichen Weg zurück zum Meer begleiten, um zu lernen, wie man Robben fängt. Erst nach zwei Lehrjahren können die jungen Eisbären ein selbständiges Leben in der Arktis wagen.

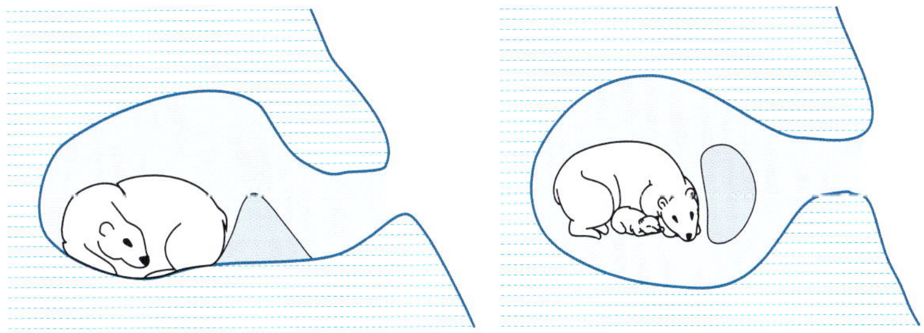

Im Zoo überstehen die Eisbären den Winter natürlich bequemer. Doch wie in der Natur fressen sie im Frühling viel und lassen im Winter ihre tägliche Fischration von acht Kilogramm eher stehen und fressen einige Wochen lang gar nichts.

▲ Der Eisbär bringt in einer Eishöhle unter frisch gefallenem Schnee seine Jungen zur Welt. Damit sie nicht erfrieren, hält er sie am Körper fest.

◀ Neugeborene Eisbären sind so groß wie Ratten und tragen noch kein Fell. Doch die nahrhafte Milch der Mutter sorgt dafür, dass sie schnell heranwachsen.

Der Eisbär

- zählt zu den größten Landraubtieren, die es heute noch gibt. Männchen können bis zu 1.000 Kilogramm schwer werden.
- hat Schwimmhäute zwischen den Zehen, die im Wasser als Paddel und an Land als Schneeschuh dienen, denn die Füße sinken weniger tief in den Schnee ein.
- gräbt eine Schneehöhle für den Winterschlaf. Dort bringt er seine Jungen zur Welt, zehrt vom angefressenen Fett und wartet auf den nächsten Frühling.
- besitzt sehr viel Kraft und Geschicklichkeit. Er kann Stahltüren aus den Angeln heben und 100 Liter schwere Fässer durch die Luft wirbeln.

5 Der Delfin: Wal, schneller Schwimmer und Akrobat

▲ Mit den kräftigen Zähnen erbeutet der Große Tümmler hauptsächlich Fische und Tintenfische.

Zur Familie der Delfine zählen etwa 30 verschiedene Arten. Sie gehören zur Ordnung der Wale. Delfine leben in Gruppen von drei bis 150 Tieren oder in großen Herden, die auch Schulen genannt werden. Die meisten Delfine leben weit draußen im Meer. Es gibt aber auch einige Delfinarten, die in Küstengewässern oder sogar im Süßwasser von Flüssen beheimatet sind. Durch das Training im Zoo, in Aquarien und im Fernsehen kennen viele Menschen den Großen Tümmler. Diese Delfinart lebt sowohl in Küstengebieten als auch im offenen Meer in den gemäßigt kalten bis tropischen Bereichen aller Ozeane.

Delfine und andere Wale

Der Blauwal ist das größte Tier unserer Erde. Er kann bis zu 35 Meter lang werden, so lang wie drei Schulbusse hintereinander. Mit bis zu 150.000 Kilogramm Gewicht kann er genauso viel wiegen wie 30 Elefanten zusammen. Nicht alle Wale werden aber so groß wie der Blauwal. Die Delfine zum Beispiel, die wir in Zoos und Aquarien sehen können, erreichen eine Länge von etwa 1,20 Meter bis 2,60 Meter.

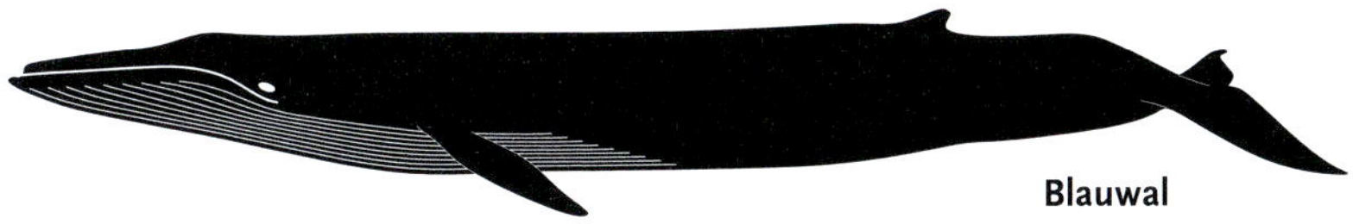

▲ In keiner anderen Tierfamilie gibt es solche Größenunterschiede wie bei den Walen. Sie reichen von der gigantischen Länge von 35 Metern beim Blauwal bis zu den kleinen Delfinen, die manchmal nur 1,20 Meter lang werden.

Wale sind Säugetiere

Die meisten Säugetiere sind behaarte Festlandbewohner mit vier Füßen. Manche Säugetiere, die in der Nähe des Wassers leben, haben sich an ihre Umgebung angepasst und zum Beispiel Schwimmhäute zwischen den Zehen entwickelt. Bei den Walen sind äußerlich die Füße ganz verschwunden. Doch die Wale, also auch die Delfine, sind Säugetiere! Sie atmen Luft mit der Lunge und säugen ihre Jungen mit Milch. Sie besitzen kein Fell mehr, denn es würde das Vorwärtskommen im Wasser ja behindern. Doch vor vielen Millionen Jahren waren die Vorfahren der Waltiere landbewohnende Vierbeiner.

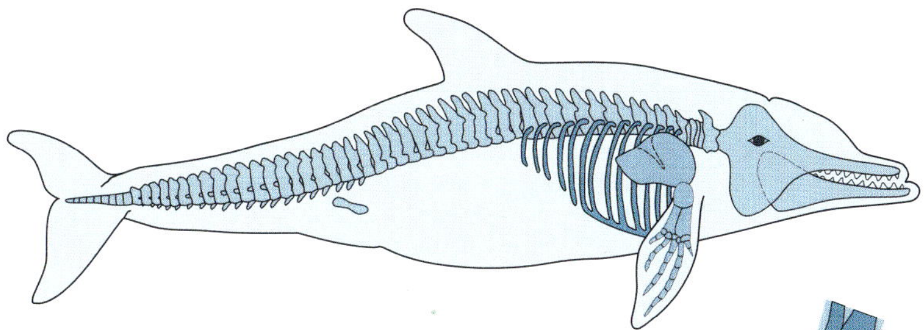

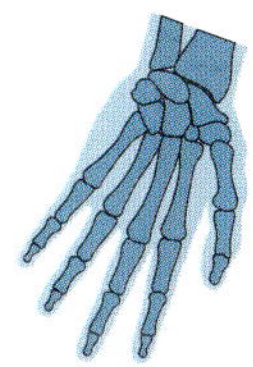

▲ Bei den Walen sind die Füße zwar äußerlich verschwunden, sie sind aber trotzdem Säugetiere. Am Skelett sind noch die Vorderarme zu erkennen, die sich bei Delfinen zu Vorderflossen entwickelt haben.

Hand des Menschen

▲ Delfine schwimmen an die Wasseroberfläche, um Luft zu holen.

Delfine im Delfinarium

Hans-Jürgen Klinckert ist Delfin-Trainer im Nürnberger Tiergarten. Er trainiert die Tiere und bringt ihnen Kunststücke bei. Jetzt geht er zur Aufzuchtanlage für Delfine, denn es ist Fütterungszeit. Hier wohnt zur Zeit eine Familie der Delfinart „Großer Tümmler“: die 30 Jahre alte Eva, ihr sechs Monate altes Kind Naomi und der Vater von Naomi, Mobby. Mobby ist schon 40 Jahre alt, ein stattliches Alter für einen Delfin. Im Meer werden Delfine im allgemeinen 20 bis 30 Jahre alt, wenn sie die ersten Jahre, die am gefährlichsten sind, einmal überlebt haben. „Wahrscheinlich ist Mobby der älteste Delfin Europas“, meint Herr Klinckert.

Eva und ihr Kalb Naomi. Naomi schwimmt fast immer neben ihrer Mutter und berührt sie von Zeit zu Zeit. Durch die Berührung der Haut besteht ein ständiger Kontakt zwischen Eva und ihrer Tochter.

Eva, Naomi und Mobby teilen sich eine Million Liter Salzwasser in zwei Rundbecken mit jeweils 10 und 15 Metern Durchmesser, die abseits der Delfinanlage mit Zuschauertribüne in aller Stille liegen. Denn Eva braucht Ruhe, um die kleine, noch scheue Naomi aufzuziehen, bevor sie von den Zoobesuchern bewundert werden kann.

Die Großen Tümmler sind für die Haltung in Delfinarien besonders geeignet. Darum sind sie die am besten erforschten und beliebtesten Delfine. Die Männchen sind mit 10 bis 12 Jahren, die Weibchen mit sechs bis acht Jahren reif genug, um selbst Junge zu bekommen. Die Delfinmama trägt ihr Baby ein ganzes Jahr mit sich im Bauch herum. Wenn es dann zur Welt kommt, ist es etwa 1 bis 1,30 Meter lang und wiegt 12 bis 20 Kilogramm.

Eva hat es besonders gerne, wenn man sie streichelt. Vertrauen ist die Voraussetzung für den erfolgreichen Umgang mit Delfinen.

„Wenn man im Zoo Delfine züchten will, braucht man Tiere, die gut zusammenpassen, und genügend Platz. Wichtig ist auch, dass sich die Tiere nicht ständig beobachtet fühlen und nicht von zu vielen Geräuschen belästigt werden", erklärt Hans-Jürgen Klinckert. „Nur in der Stille bekommen sie ihre Jungen. Genau wie Menschen brauchen auch Delfine ihren eigenen Bereich."

Das Vertrauen der Delfine

Hans-Jürgen Klinckert öffnet die Tür zur Aufzuchtanlage. Eva schwimmt sofort herbei und streckt neugierig den Kopf über den Beckenrand. Nachdem sie ihren Pfleger erkannt hat, gibt sie zur Begrüßung die tollsten Quietschlaute von sich und springt in ein paar wilden Saltos durch das Becken. Dann dreht sie sich auf den Rücken und streckt ihrem Pfleger den Bauch entgegen, um sich streicheln zu lassen.

„Delfine im Zoo haben menschliche Aufmerksamkeit und Zuwendung sehr gerne", erklärt Hans-Jürgen Klinckert. „Beim Training sind Ansprache und Streicheln eine ebenso wirkungsvolle Belohnung wie ein Fisch." Die Zutraulichkeit des Delfinweibchens Eva ist ein Zeichen großen Vertrauens. Wenn Delfine gute Erfahrungen mit Menschen machen, sind sie besonders menschenfreundlich. Sie suchen geradezu die Nähe des Menschen zur Unterhaltung, zum Spielen und sogar in der Not.

Fütterungszeit!

Jetzt bekommt jeder Delfin einen halben Eimer Fisch. Im Meer vertilgt der Große Tümmler viele Fischarten, aber auch andere Meerestiere wie Tintenfische. Mobby wiegt 250 Kilogramm und frisst sieben Kilogramm Fisch pro Tag. Das sind etwa vier halbe Eimer voll, die über den Tag verteilt verfüttert werden. Naomi frisst zwar auch ein paar kleine Fische, aber hauptsächlich säugt sie noch von den Zitzen ihrer Mutter, wenn sie Hunger hat.

▲ **An der Bauchunterseite von Eva liegen die Zitzen, von denen Naomi trinkt, wenn sie Hunger hat.**

Die Stars im Delfinarium

In der zweiten Delfinanlage schwimmen Anke, Jenny, Nynke, Neike und Noah. Sie haben heute Besuch von Maja, die sich einen Tag im Delfinarium gewünscht hat.

▲ **Das Delfinweibchen Anke begrüßt Maja am Beckenrand.**

„Jeder Delfin hat einen ganz speziellen Charakter und sein Aussehen", erklärt der Tierpfleger und Delfintrainer Armin Fritz. „Wir Trainer können ohne Mühe einen Delfin vom anderen unterscheiden. Noah zum Beispiel wirkt immer etwas nachdenklich. Er ist das einzige Männchen der Gruppe und würde als Erwachsener die Gruppe anführen. Doch mit fünf Jahren ist er noch zu jung dafür. Delfine sind Herdentiere, und es gibt eine Rangordnung unter ihnen. Anführerin der Gruppe ist jetzt die 17-jährige Anke. Sie steht immer im Vordergrund. Neike ist auch erst fünf Jahre alt, in Nürnberg geboren so wie Noah, vorwitzig, verspielt und neugierig. Die 15 Jahre alte Jenny ist die Neugierigste von allen. Beim Training will sie alles schnell lernen, aber sie ist auch ganz schön eigensinnig. Wenn sie keine Lust hat, dann hat sie keine Lust, da ist nichts zu machen."

▲ Wer hätte das gedacht? Delfine spielen liebend gerne Ball.

Jetzt tut Jenny alles, um Armin Fritz abzulenken. Immer wieder wirft sie Maja aus dem Becken Bälle zu. Plötzlich springt sie ganz heraus und legt sich der Länge nach neben den Pool. Maja ist begeistert. Wer kann schon mit einem Delfin Ball spielen?

▶ Wasserscheue Spielgenossen sollten lieber zurücktreten.

▶ Jenny lässt sich am liebsten am Bauch kraulen.

Delfine, die Meisterschwimmer unter den Walen

Anke, Jenny, Nynke, Neike und Noah führen mehrmals pro Tag die Übungen vor, die sie von ihren Trainern gelernt haben. Schulklassen, Jugendliche und Eltern mit Kindern warten gespannt auf das Erscheinen der Delfine. Endlich ist es soweit. Anke, Jenny, Nynke, Neike und Noah schießen schnell wie Pfeile zu den applaudierenden Besuchern in das Vorführbecken. Ihr Körper ist vollkommen an das Leben im Wasser angepasst. Körperteile wie Nase und Ohren stehen nicht hervor, so kann der Körper des Delfins unbehindert durch das Wasser gleiten. Die kleinen Delfine erreichen Geschwindigkeiten von über 50 Kilometern pro Stunde und sind damit genauso schnell oder sogar noch schneller als die großen Wale.

Der Delfin atmet Luft durch die Nasenöffnung auf der Oberseite des Kopfes, das Blas- oder Atemloch. Das Ein- und Ausatmen dauert ein bis zwei Sekunden. Der Delfin atmet ein- bis sechsmal pro Minute, aber er kann seine Atmung auch für mehrere Minuten ganz stoppen. Delfine haben wie alle Meeressäugetiere eine spezielle Anpassung an das Tauchen. Dadurch sind sie in der Lage, bis in Tiefen von 600 Meter vorzudringen.

Anke, Jenny, Nynke, Neike und Noah jonglieren mit Hula-Hopp-Reifen, schnellen mehrere Meter hoch aus dem Wasser und wirbeln in Schrauben und mehrfachen Saltos mit den verschiedensten Drehungen durch die Luft. Dann springt Armin Fritz zu den Delfinen ins Wasser, und sie zeigen gemeinsam ihre Kunststücke.

Das Training: Vertrauen schaffen und immer belohnen

Das Training ist ein wichtiger Bestandteil der Delfinhaltung. Es hält die Tiere körperlich und geistig fit und bietet ihnen willkommene Abwechslung. Der Trainer hat dabei die wichtige Aufgabe, immer eine angenehme Situation für den Delfin herzustellen. Delfine möchten belohnt werden und erfolgreich sein. Klatschen und jubeln die Zuschauer, begeistert sie das mehr als ein Fisch. Würden die Zuschauer jedoch nicht klatschen, wären die Delfine sehr enttäuscht. Es ist wichtig, die Tiere freundlich zu behandeln und ihren Körper gut zu pflegen. Das Training dient auch als Gesundheitsvorsorge, denn trainierte Delfine lassen sich bereitwillig untersuchen und impfen. Der Pfleger kann die Temperatur messen, und die Delfine halten sogar freiwillig die Fluke (Schwanzflosse) für eine Blutabnahme hin.

▲ **Die zweilappige Schwanzflosse der Delfine ist im Gegensatz zu Fischen waagerecht angeordnet.**

◀▼ **Delfine lernen schnell, Bälle und Hula-Hopp-Reifen auf der Nase zu balancieren und Kunststücke vorzuführen.**

▲ Der Delfin atmet Luft durch die Nasenöffnung auf der Oberseite des Kopfes.

Wann fühlt sich ein Delfin wohl?

Hans-Jürgen Klinckert trainiert seit 30 Jahren Delfine. „Wir können bei den Tieren an den Augen, am Gesichtsausdruck und am Verhalten ablesen, wenn etwas nicht in Ordnung ist," meint der erfahrene Tierpfleger. Wenn die Delfine sich wohlfühlen, sind sie unternehmungslustig, verspielt, übermütig und schelmisch. Zeigen sie sich dagegen gleichgültig und uninteressiert, ist irgendetwas nicht in Ordnung. Ein schlechter Fisch und ein verdorbener Magen könnten zum Beispiel Anlass für die Verstimmung sein.

Eine Rechenaufgabe für Anke

Die Delfine sind intelligente Tiere. Sie könnten ohne weiteres erfolgreich an einem Einschulungstest teilnehmen. Anke zum Beispiel hat gerade bewiesen, dass sie verschiedene Formen voneinander unterscheiden kann. Sterne hat sie den eckigen Formen zugeordnet und verschiedene runde Teile den runden Formen. Geht es den Delfinen gut, dann lernen sie gerne Neues und wollen aus purer Neugier die Aufgaben lösen, die der Delfinforscher Dr. Lorenzo von Fersen ihnen stellt.

„Delfine sind von sich aus dazu bereit, mitzumachen und Aufgaben zu lösen," sagt er. „Das Mitarbeiten ist ein sicheres Zeichen für das Wohlbefinden des Delfins. Fühlt sich das Tier nicht wohl, dann macht es nicht mit. Unsere Forschungen sind nur mit gesunden Tieren möglich, die mit ihrer Lebenswelt zufrieden sind."

Können Delfine hellsehen?

Natürlich können Delfine nicht hellsehen. Aber es hat zumindest den Anschein, wenn Anke mit verbundenen Augen Münzen vom Boden des Wasserbeckens aufhebt. Auch von den zwei schwarzen Blecheimern, die ins Wasser hängen, lässt sie sich nicht täuschen. Sie sieht durch den Eimerboden hindurch, welcher Eimer leer ist und in welchem sich Fische befinden.

Ähnlich wie die Fledermäuse haben auch Delfine die besondere Fähigkeit, „mit den Ohren zu sehen". Wenn der Delfin im trüben Wasser oder in großer Tiefe in völliger Dunkelheit schwimmt, hilft ihm das Auge nicht viel weiter. Dann benützt

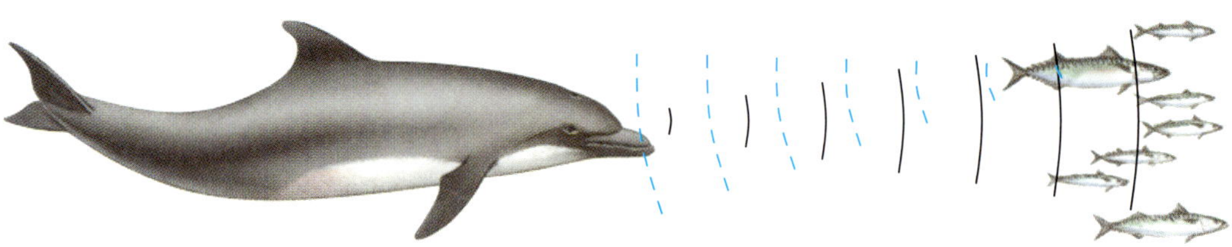

▶ Dank der Echolot-Orientierung können Delfine auch im trüben Wasser und in absoluter Dunkelheit sozusagen mit den Ohren sehen.

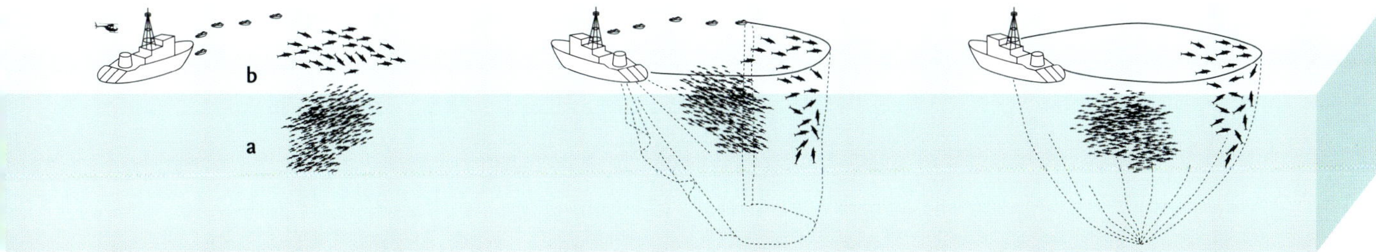

▲ 1. Der Hubschrauber entdeckt einen Tunfischschwarm (a), der von Delfinen (b) begleitet wird.

▲ 2. Das Netz wird um die Fische herum ausgelegt.

▲ 3. Das Netz wird unterhalb des Tunfischschwarms angebracht.

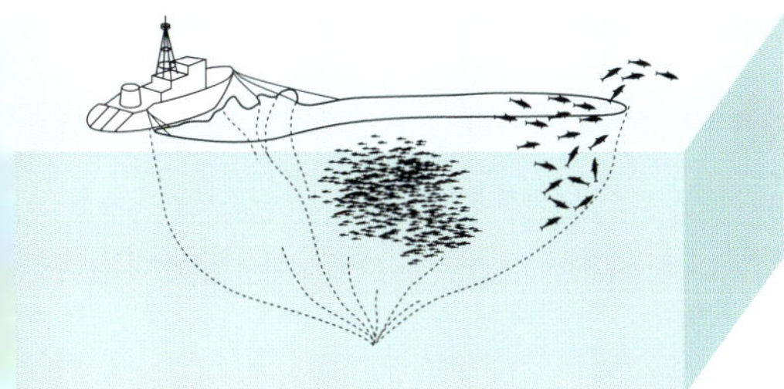

◀ 4. Das Netz wird zum Schiff gezogen. Durch den „Notausgang“ in der Netzwand können die Delfine von alleine über den Netzrand entkommen. Manchmal hilft ihnen auch ein Fischer vom Schlauchboot aus oder ein Taucher.

er sein Echoortungssystem. Er sendet Echoortungstöne aus, deren Schallwellen durch den Eimerboden hindurch auf den Fisch treffen. Das zurückgeworfene Echo informiert den Delfin über den im Eimer verborgenen Fisch.

Notausgang für Delfine

Schwertwale und Haie sind die natürlichen Feinde der Delfine. Doch die größte Bedrohung für sie ist die Fischerei. Beim Fang von Speisefischen geraten Delfine oft mit in die Fangnetze.

Delfine schwimmen gerne gemeinsam mit den großen Tunfischen durch die Meere. Die Tunfische sind aber bei den Menschen sehr beliebte Speisefische. Wenn die Fischer auf Tunfischfang gehen, landen oft auch Delfine mit im Netz. Ein fernbedienbarer „Notausgang“ in der Netzwand kann dazu beitragen, dass die unbeabsichtigt gefangenen Delfine wieder freigelassen werden.

Die Delfine

- sind gelehrig und neugierig. Sie lösen gerne neue Aufgaben.
- spielen viel. Sie spielen alleine, mit anderen Delfinen, Robben, Seelöwen. Im Delfinarium spielen sie mit Bällen, Ringen, Bojen und können den Menschen als Spielgefährten gut gebrauchen.
- möchten belohnt werden. Sie lieben Begeisterung und Applaus der Zuschauer und freuen sich über Streicheln oder einen zusätzlichen Fisch.
- lernen gerne neue Kunststücke. Es macht ihnen Spaß, sorgt für Unterhaltung, Bewegung und vertreibt die Langeweile.
- sind sensible Herdentiere. Sie schwimmen in Schulen. Für das Wohlbefinden von Delfinen sind die anderen Mitglieder in der Herde besonders wichtig.
- sind in Gefahr. Fischernetze beim Fischfang und die Verschmutzung der Meere bedrohen das Leben aller Wale und Wassersäugetiere.

6 Die Robbe: Koloss des Meeres und verspielte Artistin

▲ Robben sind besonders gesellig. Sie leben in großen Kolonien im Wasser und an Land.

Robben sind – ebenso wie Wale und Delfine – Säugetiere, die sich weitgehend an das Leben im Wasser angepasst haben. Zur Geburt und Aufzucht ihrer Jungen gehen sie allerdings an Land. Robben ernähren sich von Fischen und anderen Meerestieren in den kalten Meeren am Nord- und Südpol. Dort sind die meisten Robben zu Hause. Manche Robben leben aber auch in wärmeren Gewässern. Es gibt Ohren- und Hundsrobben.

Große Robben – kleine Robben

Alle Robben haben einen stromlinienförmigen Körper. Das heißt, das Wasser gleitet besonders gut daran ab, und sie können flink schwimmen. Das Fell, die Kopfform und die Ohren sind aber unterschiedlich. Die Ohrenrobben zum Beispiel haben ihren Namen, weil sie im Gegensatz zu den Hundsrobben kleine sichtbare Ohrmuscheln haben. Es gibt bei Robben starke Unterschiede in der Körpergröße.

Leben an Land – Leben im Wasser

Robben verbringen die meiste Zeit im Wasser. Sie können bis zu 1250 Meter tief und fast eine Stunde lang unter den Eisschollen tauchen. Sie haben Lungen und müssen wie Menschen und Landsäugetiere Luft atmen, um am Leben zu bleiben. Wenn sich im Winter während der Tauchzeit am Luftloch der Robbe Eis gebildet hat, gräbt sie es mit den Zähnen und Flossen wieder frei oder versucht, mit ihrem warmen Atem das Eis zum Schmelzen zu bringen.

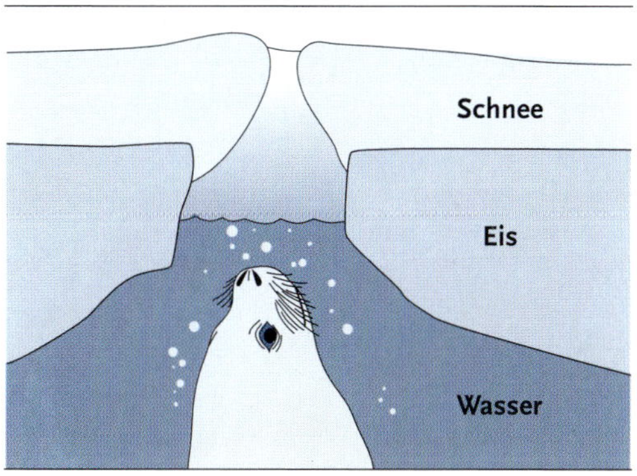

◀ Atemlöcher im eisbedeckten Meer sichern das Überleben der Robben unter Wasser.

Robben können ihre Nasenlöcher fest verschliessen. So kommt beim Tauchen kein Wasser in die Nase. Wenn sie auftauchen, öffnen sie die Nasenlöcher wieder, um zu atmen. Im Gegensatz zu den Menschen haben sie zum Öffnen und Schließen der Nase ganz spezielle Muskeln. Die Nase der Robben ist aber meist geschlossen, auch wenn die Tiere sich ausruhen.

▲ Der Seehund Balduin aus dem Berliner Zoo kann wie alle Robben seine Nasenlöcher öffnen und schließen. Deswegen bekommt er nie Wasser in die Nase.

Flossen zum Schwimmen und Laufen

Wenn Ohrenrobben schwimmen, benutzen sie ihre Vorderflossen, um sich durchs Wasser zu bewegen. Die Hinterflossen setzen sie zum Lenken ein wie das Ruder eines Bootes.

Hundsrobben sind gute Schwimmer. Ihre Flossen benutzen sie dabei genau anders herum als die Ohrenrobben: Die Hinterflossen dienen zur Fortbewegung, die Vorderflossen zum Lenken. An Land sind Hundsrobben jedoch unbeholfener, denn sie können die Hinterflossen nicht zum Laufen benutzen. Sie stoßen sich nur mit den Vorderflossen ab oder bewegen sich mit gekrümmtem Körper vorwärts. Trotzdem können manche Hundsrobben an Land viele Kilometer zurücklegen.

▼ Hundsrobben schießen schnell wie Torpedos durchs Wasser.

▼ Am Einsatz der Flossen beim Schwimmen sind Ohrenrobben leicht von Hundsrobben zu unterscheiden.

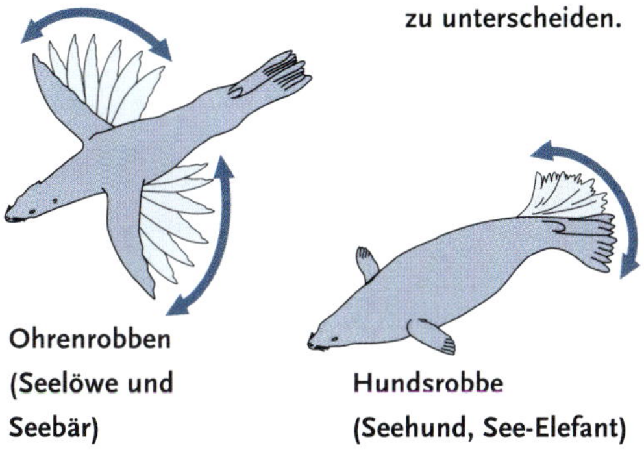

▶ Die sichtbaren äußeren Ohrmuscheln des Seelöwen verraten, dass er eine Ohrenrobbe ist.

▼ Hundsrobben haben keine äußeren Ohren. Dadurch sind sie leicht von den Ohrenrobben zu unterscheiden.

▲▲ Seelöwen stützen sich auf den langen Vorderflossen ab und bringen die Hinterflossen unter den Körper. Dadurch sind sie an Land gut beweglich.

▲ Dieser stattliche Seebär ist auch eine Ohrenrobbe. Er hat eine Mähne wie ein Löwe, mit der er seinen Weibchen und Gegnern imponieren kann.

Gerade noch mal entwischt

Robben haben in der freien Natur auch Feinde. Für Killerwale oder Haifische ist eine Robbe ein richtiger Leckerbissen. Der See-Elefant Sharky aus dem Berliner Zoo hat gerade noch mal Glück gehabt. Nach dem Angriff eines Haifisches landete er schwer verletzt an einem Strand in Südafrika. Tierärzte versorgten ihn und schließlich wurde er im Berliner Zoo aufgenommen. „So eine Erfahrung hinterlässt Spuren“, meint Dieter Petersen, Robbenpfleger im Berliner Zoo. „Sharky ist gefährlich und unberechenbar. Zum Füttern gehe ich lieber nicht zu ihm ins Gehege, sondern beobachte von draußen, wie er seine Tagesration von 20 bis 30 Kilogramm Makrelen verschlingt.“ See-Elefanten können aber auch gutmütig sein.

▶ Ein ausgewachsener See-Elefant wiegt mit 20 Jahren 4000 Kilogramm, etwa so viel wie 45 kräftige Männer. Es sind die größten Hundsrobben, die es gibt. Der See-Elefant Sharky ist erst drei Jahre alt und wiegt schon 1500 Kilogramm.

▲ „Hasch mich“ ist ein besonders beliebter Zeitvertreib für die jungen Seebären.

Kuschelige Höhle

Ringelrobben gehören zu den Hundsrobben und bringen ihre Jungen in Schneehöhlen zur Welt. Schon im Herbst beginnen die Weibchen, sich Atemlöcher im Eis freizuhalten. Im Winter wird das Packeis dicker, und der Schnee türmt sich darüber. Die Weibchen graben dann in der Nähe ihrer Atemlöcher Schneehöhlen, in denen die Jungen zur Welt kommen.

Immer in Bewegung

Bei den Seelöwen und Seebären ist immer etwas los. Dauernd stürmen sie aus dem Wasser und springen von neuem hinein. „Seelöwen sind echte Artisten“, betont Dieter Petersen, Robbenpfleger im Berliner Zoo. „Sie lernen unglaublich schnell und sind sehr verspielt. Das Training macht ihnen genauso viel Spaß wie mir. Der Seebär Arthur zum Beispiel balanciert einen Fisch auf der Nase und kann Handstand machen. Er springt aber nicht gut, das kann Seelöwe Franz viel besser.“ So hat jede Robbe ihre ganz bestimmten Talente, um zum Zirkuskünstler zu werden.

◀◀ Auf das Training mit der jungen Tierpflegerin freuen sich die Kalifornischen Seelöwen genauso wie die Zuschauer am Beckenrand.

◀ Alles, was schwimmt, eignet sich zum Spielen. Das ist die Hauptsache für Ohrenrobben.

◀ Seelöwen bei der Vorführung im Nürnberger Tiergarten. Applaus und bitte den Fisch zur Belohnung nicht vergessen.

▲ Kalifornische Seelöwen scheinen sich über alle Zoobesucher zu freuen. Die geselligen Ohrenrobben zeigen stundenlang ihre Schwimmkünste.

▶ Nach dem See-Elefant sind Walrosse die größten Robben, die es gibt. Walrossbullen sind viel schwerer als die Weibchen. Selten wird mehr als ein Walrossjunges geboren.

Das Walross – Fett hält warm

Gewandt und schlank wie ein Seelöwe ist das Walross nicht gerade. Walrossbullen können einen Körperumfang von drei Metern haben. Die Haut des Walrosses wirft sich in viele Falten und Runzeln, die an Hals und Schultern fünf Zentimeter dick sein können. Darunter liegt der sogenannte „Blubber“, eine dicke Fettschicht, die an manchen Stellen 15 Zentimeter dick sein kann. Das Fett allein kann über 400 Kilogramm schwer sein. Dieses Fett hält warm, wenn Walrosse im kalten Wasser schwimmen und auf dem Eis liegen.

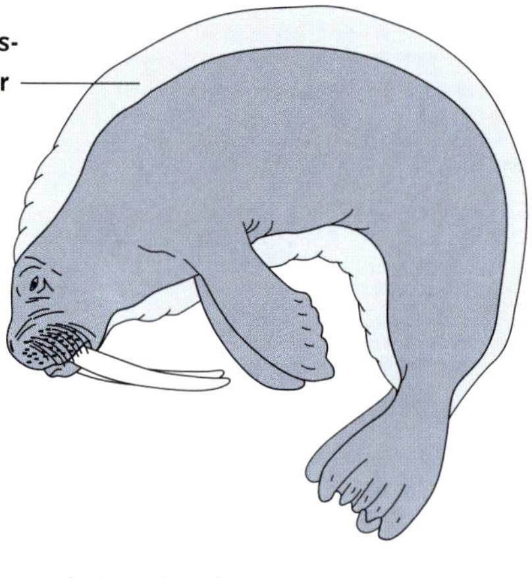

▲ Walrosse haben den dicksten „Blubber“, eine Fettschicht, die vor der Kälte schützt.

Das Walross und sein Rettungsring

Damit Walrosse leichter auf dem Wasser treiben, schlafen und sich ausruhen können, besitzen sie Luftsäcke um den Hals. Sie blasen sie mit Luft auf wie einen Rettungsring. Walrosse besitzen nämlich zwei Schlundtaschen im Rachen, die bis zu 50 Liter Luft fassen können. Diese Taschen dienen auch dazu, um zu spritzen oder zu blasen, wo es nötig ist: Sie blasen verborgene Muscheln im Meeresboden durch hohen Wasserdruck hervor und knacken sie durch gewaltiges Saugen.

Eindruck machen mit guten Zähnen

Das Walross hat zwei Eckzähne im Oberkiefer, die sein ganzes Leben lang wachsen. Es benutzt diese Zähne, um Nahrung auf dem Meeresboden zu finden. Es wühlt damit zum Beispiel im Schlamm nach verborgenen Schnecken.

Die Eckzähne bestimmen auch den Rang des Walrosses in seiner Gruppe. Allein das Herzeigen riesiger Eckzähne kann schon genügen, um Bullen mit kleineren Eckzähnen in die Flucht zu schlagen. Kommt es jedoch zum Kampf, werden die Eckzähne zur gefährlichen Waffe.

Rettet die Robben!

Die Robben werden immer noch von Menschen gejagt, doch ihre Zukunft sieht heute besser aus als im 19. Jahrhundert. Damals gab es noch kein elektrisches Licht, und man jagte die Robben fast bis zu ihrer Ausrottung, um aus ihrem Körperfett Öl für Lampen herzustellen. Aber auch ihr Fell war sehr begehrt. Die Walrosse jagte man wegen ihrer wertvollen Elfenbeinzähne. Millionen von Robben wurden deswegen getötet, und manche Arten sind sogar ausgestorben. Doch zum Glück gibt es inzwischen den internationalen Tierschutz, der viel erreicht hat. Und so ist es heute gesetzlich festgelegt, dass wenige Robben nur noch unter ganz bestimmten Umständen gejagt werden dürfen.

▲ Bei Ohrenrobben dienen die hinteren Flossen zur Steuerung; auch zum Kratzen sind sie hervorragend geeignet.

Robben

- **gibt es in 33 Arten in drei Familien. Es können Hundsrobben, Ohrenrobben oder Walrosse sein. Das Walross erkennt man sehr gut an seiner Leibesfülle und seinen riesigen Eckzähnen.**
- **können 4000 Kilogramm schwere Kolosse sein (See-Elefant), mit Eckzähnen, die alleine sieben Kilogramm schwer sind (Walross) oder nur 50 Kilogramm auf die Waage bringen (Ringelrobbe).**
- **sind sehr lernbegierig und verspielt.**
- **können fast eine Stunde lang die Luft anhalten und sehr tief tauchen. Dann müssen sie an der Oberfläche atmen. Denn es sind Säugetiere mit Lungen so wie der Mensch.**
- **wurden früher fast ausgerottet, stehen jetzt aber unter Artenschutz.**

7 Der Orang-Utan: Menschenaffe und Urwaldriese

▲ Zwar sieht man's nicht auf den ersten Blick, aber Mensch und Orang-Utan sind eng miteinander verwandt.

Die Familie der Menschenaffen bildet zusammen mit allen anderen Affen und den Menschen die Ordnung der Primaten. Der Orang-Utan zählt mit dem Gorilla, dem Schimpansen und dem Zwergschimpansen oder Bonobo zu den Großen Menschenaffen. Der Orang-Utan ist der einzige Menschenaffe Asiens. Er lebt nur noch in den Wäldern der beiden Inseln Borneo und Sumatra (Indonesien und Malaysia) und sein Bestand ist stark bedroht.

▲ Gorillas sind die größten Menschenaffen.

◀◀ Der Schimpanse ähnelt in seinem Gesichtsausdruck dem Menschen von allen Tieren am meisten.

◀ Der Bonobo oder Zwergschimpanse ist der Kleinste der vier Menschenaffen.

Menschen und Menschenaffen

Die Menschenaffen sind von allen Säugetieren am nächsten mit uns Menschen verwandt. Das ist am ähnlichen Körperbau auch leicht zu erkennen – selbst wenn die Affenarme viel länger sind als unsere, aber Affen müssen ja zusätzlich auf allen Vieren laufen oder klettern und hangeln können. Fast menschlich wirken die tastempfindlichen und beweglichen Hände mit den langen Fingern und dem besonders weit abspreizbaren Daumen. Damit können Menschenaffen Gegenstände greifen, prüfen und handhaben wie wir. Wir teilen viele Erbanlangen mit den Menschenaffen, doch so denken und sprechen wie wir können sie nicht.

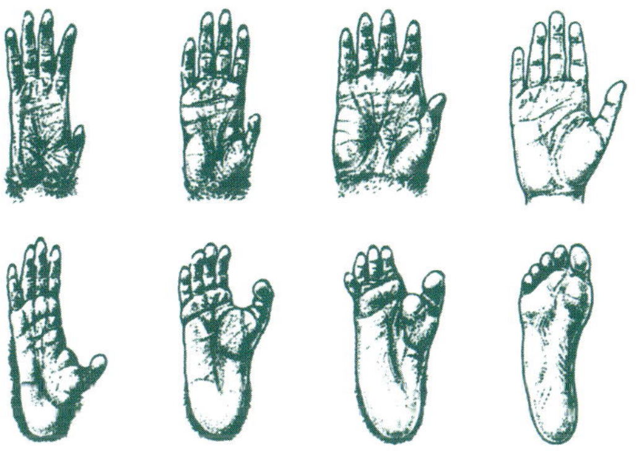

◀ Die Orang-Utan-Hand ist vor allem an das Hangeln auf Bäumen angepasst, die Hand des Gorillas für das Laufen am Boden. Die Hände des Schimpansen und die des Menschen ähneln sich besonders. Die Form der Füße zeigt eine zunehmende Anpassung an das Laufen am Boden. Doch am besten läuft der Mensch.

▲ Orang-Utan-Hände (unten) greifen besser als die Gorillahand darüber, denn Orang-Utans leben hauptsächlich auf Bäumen.

Gefühle bei Mensch und Orang-Utan

Die Gefühle der Orang-Utans sind dem menschlichen Empfinden sehr ähnlich. Freude, Neugier, Angst, Wut und Traurigkeit kann man ihnen vom Gesicht ablesen, genau wie uns Menschen. Das liegt daran, dass die Gesichtsmuskeln bei Menschen und Menschenaffen ähnlich sind. Mit dem Gesichtsausdruck, den Augen und der Körperhaltung teilen Orang-Utans anderen Artgenossen ihre Stimmungen mit. Sie sind recht mitteilungsfreudig und können auch ziemlich laut werden.

▲ **Auch ohne Worte verstehen wir die zärtlichen, fürsorglichen, groben und verspielten Orang-Utans in der Familie im Zoo von San Diego in Amerika.**

▼ **Kleine Orang-Utans nehmen zuerst einmal alles in den Mund, genau so wie kleine Kinder.**

Starkes Zusammengehörigkeitsgefühl/ „Affenliebe"

Kleine Orang-Utans, Mutter und Kind, ja sogar einzelgängerische Orang-Utan-Väter in einer Zoogemeinschaft, zeigen einander viel Liebe und Fürsorge. In ihrem Gemeinschaftsleben spielen Berührungen eine große Rolle. Die Tiere umarmen sich sogar oder halten sich an den Händen. Natürlich gibts manchmal auch Streit. Dann wird getreten, gekratzt, geboxt und an den Haaren gezogen. Die gemeinschaftliche Körperpflege, die ein gegenseitiger Gunstbeweis ist, besänftigt die „Kampfhähne" aber wieder und dient zur Verständigung.

Ein Orang-Utan kommt auf die Welt

Nach einer Schwangerschaft von ungefähr 260 Tagen kommt ein etwa zwei Kilogramm schwerer Orang-Utan zur Welt. In den ersten Monaten ist das Baby hilflos und völlig auf die Hilfe der Mutter angewiesen. Mit neun Wochen beginnt das Kleine zu krabbeln und nach etwa zehn Monaten kann es laufen. Orang-Utan-Babys haben eine besonders innige Beziehung zur Mutter und sie durchlaufen ähnliche Entwicklungsphasen wie Menschenbabys. Während des ersten Lebensjahrs ist der junge Orang-Utan fast ständig im Körperkontakt mit der Mutter. Mit zwei Jahren wagt es sich immer noch nicht weit weg von ihrer Seite. Erst mit drei bis sieben Jahren entfernen sich die halbwüchsigen Tiere allmählich von der Familie.

Der verlassene Orang-Utan

Es passiert in der Natur und im Zoo gelegentlich, dass Menschenaffenmütter ihre Babys nicht großziehen können oder nicht genug Milch haben, um sie zu ernähren. Solche Babys finden dann im Aufzuchthaus für junge Menschenaffen

▲ Geduldig kümmert sich die Orang-Utan-Mutter um ihr Kind. Sie bewahrt auch dann die Nerven, wenn der Kleine gar keine Ruhe geben will.

▲ In der Wilhelma in Stuttgart haben die verlassenen Gorillakinder eine neue Heimat gefunden. Übermütig tollen sie miteinander herum.

im zoologisch-botanischen Garten Stuttgart ein neues Zuhause. Hierher kommen verlassene Menschenaffenkinder aus vielen europäischen Zoos und wachsen mit gleichaltrigen Spielgenossen auf. Tierpflegerinnen wie Gundi Scharpf helfen den Kleinen dabei, zu selbstbewussten Affen heranzuwachsen. Denn das ist die Voraussetzung, um im Alter von drei bis vier Jahren in einer Affengruppe unter Artgenossen aufgenommen zu werden.

Kuscheltuch zum Schmusen

Neugeborene Menschenaffen im Zoo erhalten Säuglingsnahrung aus einem Babyfläschchen und werden mit Windeln gewickelt, wenn sie die eigene Mutter nicht ernähren kann. Fast drei Jahre lang werden sie dreimal täglich mit der Flasche gefüttert, zusätzlich zu Obst, Gemüse, belaubten Zweigen und anderen Nahrungsmitteln. In den ersten Lebenswochen liegen die Menschenaffenbabys in einem Kinderbett auf einer Wärmflasche. Mehrere Bettchen voller Äffchen umringen nachts das Bett von Gundi Scharpf, die in der Menschenaffen-Kinderstube schläft. Denn die Kleinen wollen – wie Menschenbabys – auch nachts mehrmals gefüttert werden.

▲ Gegenstände zum Einwickeln, Zudecken, Ablutschen und Verstecken sind immer willkommen.

▲ Wenn der Spaß auch groß ist, Vorsicht ist geboten. Sogar Orang-Utans können vom Baum fallen, wenn sie nicht aufpassen.

Besondere Dienste leistet das „Schmusetuch", denn bei aller Liebe kann sich Gundi Scharpf nicht immer nur um ein einziges Affenbaby kümmern. Das weiche, wollige Tuch begleitet einen kleinen Orang-Utan, Schimpansen, Bonobo oder Gorilla oft bis zu seinem dritten oder vierten Lebensjahr. Er kuschelt sich zum Einschlafen oder wenn er mal Angst hat fest daran, und das beruhigt ihn.

Die Kindheit

Im Alter von drei bis sieben Jahren werden die kleinen Orang-Utans langsam selbstständiger. Doch auch wenn sie das Gelände immer häufiger auf eigene Faust erkunden, bleibt die starke Bindung zur Mutter bestehen. Allmählich bauen sie sich aber ein eigenes Schlafnest, in dem sie alleine schlafen. Trotzdem bleiben Körperkontakt und die ständige Aufmerksamkeit der Mutter in den Jahren der Kindheit lebensnotwendig für sie.

In den Kindheitsjahren lernen Menschenaffen von den Müttern alles, was sie zum Überleben brauchen. Im Spiel probieren die jungen Orang-Utan-Kinder ihre wachsenden Kräfte mit erwachsenen und gleichaltrigen Spielgenossen aus. Wie auch bei den Menschenkindern ist Spielen ganz wichtig fürs Erwachsenwerden. Dabei lernen und üben die kleinen Orang-Utans alles, was sie im späteren Leben brauchen.

▲ Orang-Utans können sowohl mit den Händen als auch mit den Füßen sehr gut greifen.

Die Trotzphase

Mit etwa drei Jahren kommen kleine Menschenaffen genauso wie Menschenkinder in eine Art „Trotzphase". In der Aufzuchtstation in Stuttgart spielen die Orang-Utans mit Pappkartons, Holzklötzchen und Babyrasseln. Manchmal werfen sie ihre Spielsachen aber auch quer durchs Gehege und haben nur Unfug im Kopf. „Meistens genügt ein strenger Blick, ein energisches Wort, oder ich beachte den aufsässigen Orang-Utan einfach nicht", erzählt Gundi Scharpf. „Dann kommt er bald reumütig in meine Arme zurück. Denn lange möchte er doch nicht auf meine Zuneigung und die Streicheleinheiten verzichten."

◀ Bevor der Karton zerlegt ist, eignet er sich hervorragend zum Verstecken.

Gute Familienväter

Heinz Scharpf ist der Tierpfleger für die Menschenaffen im Stuttgarter Zoo. Für ihn sind Menschenaffenväter ein Vorbild für alle Väter: „Ich mache mir heute noch den Vorwurf, dass ich mit meinen eigenen Kindern nicht annähernd so viel gespielt habe wie es die meisten Menschenaffenväter tun. Sie sind sehr fürsorglich und spielen oft stundenlang mit ihren Kindern. Großmütig dulden sie, dass die Winzlinge ihren Bauch als Trampolin benutzen und auf ihrem breiten Rücken herumklettern."

▲ Ein weißer Gorilla ist eine Ausnahme. Gorillas haben ein dunkles Fell, nur die erwachsenen Männer haben einen grauen Rücken. Man nennt sie deshalb auch „Silberrücken".

▼ Orang-Utan-Mütter haben Nerven wie Drahtseile. Stundenlang turnen die Kleinen auf Mamas Rücken herum.

▲ Orang-Utan-Väter sind Einzelgänger. Im Zoo genießen sie jedoch das Familienleben sehr.

Ganz schön clever!

Instinkte spielen bei den Menschenaffen nur eine geringe Rolle. Sie lernen viel aus Erfahrung und von ihren Müttern. Sie sind intelligent und können sogar Werkzeuge benutzen. Kein anderes Tier ist zu solchen Denkleistungen und Handlungen fähig.

Tiergärtner wissen ein Lied davon zu singen. Schlösser zu öffnen, ist für Menschenaffen überhaupt kein Problem. Daher müssen besondere Maßnahmen getroffen werden, damit die Menschenaffen nicht plötzlich im Zoo herumspazieren. Sie sind auch erfinderisch, wenn es darum geht, sich mit Zweigen ein paar Leckerbissen zu ergattern. Mit den Holzstöcken angeln sie nach Früchten oder in einem Ameisennest herum.

Menschenaffen sind auch Experten im Knüpfen und Auflösen von Knoten. Aus Holzwolle, Stroh und Stoff drehen sie in Zoos meterlange Seile und knoten sie fest, um daran zu schaukeln. Sie funktionieren Blätter zu Waschlappen oder Schwämmen um. Damit saugen sie Regenwasser aus Löchern von Baumstämmen auf, an die sie mit den Lippen nicht herankommen. Steine dienen als Hammer zum Nüsseknacken und Stöcke als Wurfgeschosse. Sie stellen selbst sogar einfaches Werkzeug her und sind zu Leistungen fähig, die wir früher nur den Menschen zutrauten.

◀ Im Regenwald bauen sich Orang-Utans sogar ein Dach als Schutz vor dem Regen.

Besondere Leckerbissen

Die Menschenaffen im Stuttgarter Zoo werden neunmal am Tag gefüttert. Mit Rosinen gespickte Hölzer, Laub und Äste, Obst und Gemüse in kleinen Portionen, Honig, Quark und Orangensaft halten sie den ganzen Tag aktiv und verscheuchen die Langeweile.

Nach einem Becher Milch, Kakao oder aufgelöstem Malzpulver frühmorgens erwartet die Menschenaffen um neun Uhr eine besondere Leckerei. Erdnüsse! Doch so leicht sind sie nicht zu haben. Erstmal müssen die Orang-Utans nämlich die Denksportaufgabe lösen, wie die Nuss zu knacken ist. Die Nüsse sind in einem Ball mit Löchern versteckt, und die Orang-Utans müssen sich zuerst Werkzeug basteln: Stöckchen aus Laubzweigen. Anschließend gilt es herauszufinden, in welche der vielen kleinen Löcher das Stöckchen auch hineinpasst. Erst dann können sie sich die Nüsse herausfischen.

Badespaß

Menschenaffen sind reinliche Tiere. Sind sie schmutzig, verziehen sie das Gesicht und ekeln sich. Sie baden gerne im warmen Wasser, aber sie können es gar nicht leiden, wenn sie jemand nassspritzt.

Das machte sich das Gorillajunge Majabu eines Tages zu Nutze. Er hatte nämlich gelernt, Wasser mit der Hand aus dem Becken zu schöpfen und die anderen damit nass zu spritzen. Alle nahmen Reißaus und brachten sich kreischend in Sicherheit. Diesen Spaß gönnte sich Majabu vor allem dann, wenn der Tierpfleger mit Honig ins Gehege kam. Mit einer Handvoll Wasser verjagte er die anderen und mampfte genüsslich eine Riesenportion der süßen Leckerei. Nach einer Weile genügte allein die Handbewegung, und alle rannten davon. So einfach war das! Die anderen warteten brav in angemessenem Abstand, bis Majabu satt war und sie endlich an die Reihe kamen.

▲ **Im Zoo basteln sich Menschenaffen Werkzeug, verstecken Schlüssel, bauen Türme und verblüffen die Tierpfleger immer wieder durch ihre Intelligenz.**

Der Orang-Utan

- zählt zusammen mit dem Gorilla, dem Schimpansen und dem Zwergschimpansen oder Bonobo zu den Menschenaffen. Der Orang-Utan ist der einzige Menschenaffe Asiens.
- und die Menschen haben gemeinsame Vorfahren.
- hat Gefühle wie wir, die man ihm vom Gesicht ablesen kann. Seine Gesten können wir leicht verstehen.
- hat als Kind ähnliche Entwicklungsphasen wie Menschen. Verlassene Menschenaffenbabys können deshalb gut von einer menschlichen Ersatzmutter großgezogen werden.
- hat als Mutter Nerven wie Drahtseile. Er lässt seinen Nachwuchs stundenlang auf seinem Bauch herumtoben.
- ist clever! Er baut sich Werkzeug und kommt so an Leckereien heran, die er ohne Hilfsmittel nicht erreichen würde.
- ist sehr reinlich und badet gerne in warmem Wasser.

8 Der Elefant: Gelehriger Riese mit langem Rüssel

▲ Am Kopf eines Elefanten hängt das ganze Gewicht des Rüssels und manchmal auch noch der Stoßzähne. Er ist deswegen besonders stark und mächtig.

Mit dem langen und beweglichen Rüssel besitzt der Elefant ein besonders praktisches Organ. Es dient zum Greifen, Tasten und Riechen. Der Rüssel hat sich aus der Oberlippe und der Nase gebildet. Er gibt der Ordnung, zu der der Elefant gehört, ihren Namen: die Rüsseltiere. Heute gibt es zwei große Elefantengattungen: zwei afrikanische und einen asiatischen Elefanten.

Mit seinen breiten Füßen, den großen Ohren und seinem mächtigen Körper ist der Elefant Mittelpunkt in jedem Zoo. Er kann bis zu vier Metern groß und bis zu sieben Tonnen schwer werden, das sind 7.000 Kilogramm. Damit ist er das schwerste und nach der Giraffe auch das höchste auf dem Land lebende Tier. Nur der Blauwal ist noch größer – er wiegt etwa zwanzig mal so viel wie der Elefant –, aber er lässt sich ja vom Wasser tragen. So gut haben es die Elefanten nicht.

Zella bei der Fußpflege

Die Füße der Elefantenkuh Zella tragen 3.800 Kilogramm Gewicht durch die Gegend. Eine dicke, stark verhornte Hautschicht schützt die Fußsohle. Doch es kann immer wieder passieren, dass ein kleines Steinchen in die Hornschicht einwächst oder sich der Fuß an einem dicken Ast verletzt. Auch wachsen die Zehennägel im Zoo schneller nach als sie sich von alleine abnutzen. Damit sie den Elefanten nicht stören, müssen sie geschnitten werden. Dreimal pro Jahr bittet Volker Scholl seine Elefantendamen der Reihe nach zur Fußpflege.

Heute ist Zella an der Reihe. Als erstes macht sie ein warmes Fußbad in einem Badewännchen, damit die Hornhaut aufweicht. Dann hebt Zella das linke Hinterbein auf den Schemel. Der Schlosser hat einen Stahlbogen darauf angefertigt, in den sie den Fuß bequem ablegen kann. Von nun an kümmert sie sich nicht weiter um die Fußpflege, schließlich tut ja nichts weh. Zur Belohnung fürs Stillhalten öffnet sich die Decke zur Heubühne. Hier sind Stroh und Heu für die Elefanten gelagert. Zella bekommt einen Ballen Heu und ist mit Fressen beschäftigt. So kann Volker Scholl auf das Anketten von Zella ganz verzichten.

▲ Elefantenpfleger Volker Scholl mit Molly in der Wilhelma in Stuttgart.

◀ 1 „Lift", sagt Volker Scholl, und Zella stellt den Fuß in den Bogen auf dem Fußschemel.

2 Mit einer Feile – zuerst grob und dann fein – glättet Volker Scholl die Fußsohle.

3 Zellas fertig gefeilter Fuß auf dem Schemel.

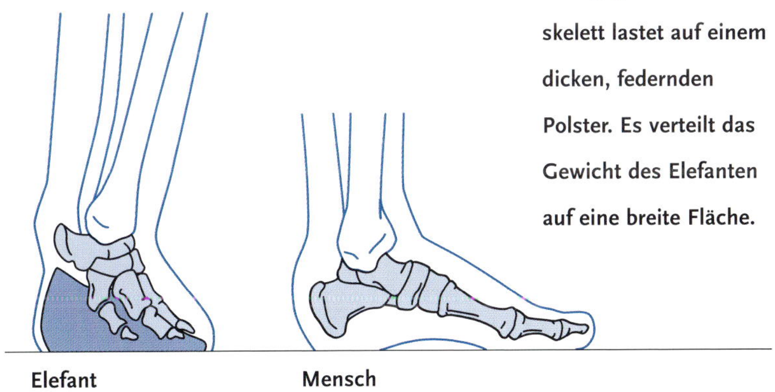

▼ Der Elefant läuft auf Zehenspitzen. Das schräg gestellte Fußskelett lastet auf einem dicken, federnden Polster. Es verteilt das Gewicht des Elefanten auf eine breite Fläche.

Immer in guter Gesellschaft

Elefanten sind Herdentiere. Sie leben in Familiengruppen, die aus verwandten älteren Elefantendamen und Jungtieren bestehen. In jeder Gruppe gibt es eine Chefin, sie wird auch Leitkuh genannt. Kühe bleiben zeitlebens in der Familie. Erwachsene Bullen dagegen, also die Männchen, bilden eigene Gruppen oder ziehen als Einzelgänger umher.

Auch bei den Elefanten herrscht eine gewisse Rangordnung, das heißt, manche Tiere haben in der Gruppe mehr und manche weniger zu sagen. „Bei besonderen Gelegenheiten, etwa bei einem starken Gewitter, kann man die Rangordnung in unserer Gruppe indischer Elefanten erkennen", erklärt Volker Scholl. „Dann ruft Molly, die 32-jährige Elefantenkuh, die anderen Elefantenkühe zu sich." Molly hat den Rang der Leitkuh von der älteren Vilja übernommen.

▲ **Es dauert noch eine Weile, bis der „Nasenschlauch" des kleinen Elefanten die rechte Länge hat.**

Trotzdem darf Vilja immer noch als Erste ans Futter heran und schlichtet auch gelegentlich Streit in der Gruppe.

Vilja macht auch gerne Geschenke. Besuchern im Gehege streckt sie mit dem Rüssel eine Hand voller Stöckchen entgegen. „Doch wer das Geschenk annimmt,

▼ **Jede Elefantenkuh ist eine Persönlichkeit und hat ihren eigenen Charakter. Für die Zusammensetzung und Betreuung einer Elefantengruppe im Zoo braucht der Tierpfleger viel Fingerspitzengefühl.**

◀ Elefantenmütter sind besonders geduldige, zärtliche und fürsorgliche Lehrmeisterinnen.

▼ Elefantenkinder, die so mühelos unter dem Kopf ihrer Mutter hindurchspazieren können, sind noch „Flaschenkinder“.

▲ Bei Mama ist immer der sicherste Platz.

muss ihr einen Apfel zur Belohnung schenken, sonst ist sie beleidigt. Sie nimmt auch gerne Besucher mit dem Rüssel an der Hand und führt sie zu den Obstkisten, an die sie selbst nicht herankommt“, erzählt Volker Scholl.

„Pama ist ein schläfriger Morgenmuffel. Am liebsten tut sie wenig und frisst viel. Lange Zeit hielten wir sie für dumm“, erzählt Volker Scholl. „Dann erkannten wir, dass sie einfach ihre Ruhe haben will und nur das tut, wozu sie Lust hat. Seitdem bemühe ich mich beim Beschäftigungstraining besonders um sie und sie macht alles genauso gut wie die anderen.“

Afrikanischer und asiatischer Elefant

In Afrika lebt ein Elefant in der Steppe oder Savanne. So nennt man riesige grasige Landflächen mit wenigen Bäumen und viel Sonne. Der asiatische Elefant dagegen lebt in Gebieten mit viel Wald und Schatten. Diese unterschiedlichen Lebensbedingungen sind der Grund für den deutlichsten Unterschied zwischen diesen beiden Elefanten: die Größe der Ohren. Der afrikanische Steppen- oder Savannenelefant braucht große Ohren, um sich in der Hitze zur Kühlung Luft zuzufächeln. Er kann auch durch die Ohren schwitzen. Der asiatische Elefant muss in seinem Lebensraum keine so große Hitze ertragen, deshalb hat er erheblich kleinere Ohren.

▲ Zwei Verwandte: der afrikanische Steppen- oder Savannenelefant (links) und der asiatische Elefant

Es gibt aber auch noch andere Unterschiede. Der afrikanische Steppen- oder Savannenelefant hat kräftige Stoßzähne, eine glatte Stirn und grobe, rissige Haut. Sein Rüssel hat zwei Greiffinger an der Rüsselspitze. Asiatische Elefantenkühe tragen keine Stoßzähne und ihre Haut ist eher glatt. Ihre Rüsselspitze hat nur einen Greiffinger.

Afrikanischer Steppen- oder Savannenelefant

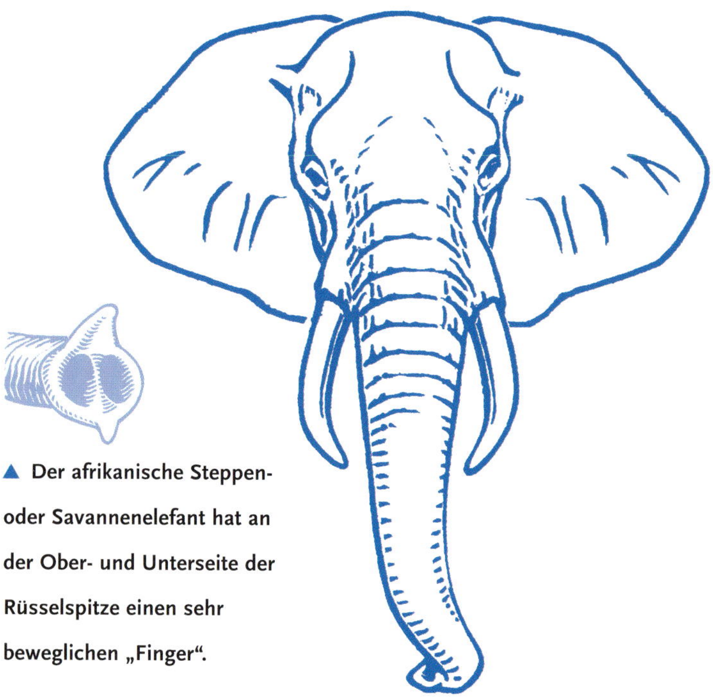

▲ Der afrikanische Steppen- oder Savannenelefant hat an der Ober- und Unterseite der Rüsselspitze einen sehr beweglichen „Finger".

Asiatischer Elefant

▲ Der asiatische Elefant hat kleinere Ohren als der afrikanische Steppen- oder Savannenelefant, nur einen Greiffinger an der Rüsselspitze und zwei Stirnhöcker.

◀ Nach einem heißen Tag können die Elefanten im Zoo von Jerusalem das genussvolle Bad im See kaum erwarten.

▼ Kleine Elefanten plantschen gerne stundenlang im Wasser.

Tägliche Hautpflege mit Wasser und Sand

Die Haut des Elefanten ist an manchen Stellen 2,5 Zentimeter dick. Trotzdem ist sie sehr empfindlich. „Elefanten spüren sogar eine Mücke, die sich auf ihrem Rücken niederlässt", erzählt Volker Scholl.

Für das Wohlbefinden des Elefanten ist die Hautpflege zur Reinigung, Abkühlung und Abwehr von Hautschmarotzern ganz besonders wichtig. Die Elefanten werden jeden Morgen mit einem Schlauch abgespritzt, gewaschen und gebürstet. Das dient der Hautatmung und ist wichtig für einen guten Stoffwechsel. „Die Elefanten legen sich dabei hin, und wir untersuchen ihre Hautoberfläche. Manchmal verwenden wir sogar Seife", erzählt Volker Scholl.

Tagsüber betreiben die Elefanten selber Hautpflege. Sie bewerfen sich mit Sand und Gras und scheuern sich an Baumstämmen, suhlen sich mit Vergnügen im Schlamm und spielen mit Matsch. Abends nehmen die Elefanten ein Vollbad. Sie lieben das Wasser und können sehr gut schwimmen.

▲ Gleich ist von den Elefanten nichts mehr zu sehen. Sie können ausgezeichnet schwimmen und tauchen.

◀ „Einpudern" der Haut mit Staub, Sand oder Gras gehört zur richtigen Körperpflege.

▲ Hier gibt es zum Abschluss des Tages etwas Leckeres für Zella, Molly und Pama.

▲▲ Mit seinem kräftigen Rüssel kann der Elefant dünne Grasbüschel vom Boden aufheben.

▲ Die Haare am Schwanzende des Elefanten sind besonders dick.

◀ Das haben die Taucher den Elefanten abgeschaut! Unter Wasser benutzt der Elefant den Rüssel wie einen Schnorchel.

◀ Als Allzweckwerkzeug eignet sich der Rüssel natürlich auch hervorragend zum Betteln, das findet jedenfalls die asiatische Elefantenkuh im Zoo von Madrid.

Was man mit einem Rüssel alles machen kann

Der Rüssel ist eine Art verlängerte „Lippennase". Er ist aus Oberlippe und Nase entstanden. Der Rüssel besteht aus 40.000 Muskeln, und der Elefant kann ihn nach allen Richtungen verbiegen, verlängern und verkürzen.

Der Rüssel hat viele Funktionen. Der Elefant riecht und atmet mit ihm, kann ihn aber auch wie eine Hand benutzen. Er dient als Schlagwaffe beim Kämpfen, als Schaufel zum Graben von Wasserlöchern, als Hebel zum Entwurzeln von Bäumen, als Finger zum Knicken und Pflücken von Grashalmen und als Feinwerkzeug zum Aufheben winziger Gegenstände vom Boden. Der Elefant kann sich mit dem Rüssel auch bequem an den Vorderfüßen kratzen.

Mit Hilfe des Rüssels stillt der Elefant auch seinen gewaltigen Durst. Er trinkt 80 bis 130 Liter Wasser pro Tag, etwa zehn Wassereimer voll. Dabei saugt er mehrere Liter Wasser 40 Zentimeter hoch in den Nasenschlauch und spritzt das Wasser vom Rüssel aus in den Mund.

Der Elefant

- ist das schwerste lebende Landsäugetier. Er kann bis zu 7.000 Kilogramm schwer werden, so schwer also wie ein mittelgroßer Lastwagen.
- hat 40.000 Muskeln im Rüssel, mehr als der Mensch im ganzen Körper.
- läuft, sanft gepolstert auf einem dicken Sohlenkissen, auf Zehenspitzen.
- trinkt 80 bis 130 Liter Wasser pro Tag, das sind mindestens zehn Wassereimer voll.
- kann schwimmen und tauchen. Beim Tauchen schaut nur noch die Rüsselspitze als Schnorchel aus dem Wasser.
- spürt es, wenn eine Mücke auf seinem Rücken landet. So empfindlich ist die Haut des Elefanten.

9

Das Zebra: Wildpferd mit Streifen

▲ Alle wilden Zebras leben in Afrika. Sie sind an einen speziellen Lebensraum angepasst.

Zebras gehören zur Familie der Pferde. Heute gibt es Hauspferde und sechs verschiedene Wildpferdarten. Drei davon sind Zebras. Sie ziehen in Familien oder Junggesellentrupps auf der Suche nach Gras und Wasser umher. Grevy- und Steppenzebras bewohnen in Afrika weite, offene Landschaften: die Steppe, Savanne oder Halbwüste. Das Bergzebra lebt im Gebirge. Alle Zebras haben ein gestreiftes Fell.

Wildpferde und Hauspferde

Wildpferde erkennt man an der senkrecht nach oben stehenden Mähne. Sie läuft über den Rücken zum Schwanz hin in einem schwarzen Strich aus, der „Aalstrich“ heißt. Hauspferde haben eine Hängemähne, sie fällt seitlich am Hals nach unten. Der Schwanz der Pferde heißt Schweif. Hauspferde haben auch am Schwanzansatz lange Haare. Doch bei den wilden Pferden ist der Schwanzansatz oben kurz behaart wie eine Bürste. Erst weiter unten werden die Schweifhaare länger.

Das Grevy-Zebra: fit für trockene Landschaften

Das Grevy-Zebra lebt in der Wüstensteppe oder Halbwüste, die sich an die Wüste im Norden anschließt. Unfruchtbare Ebenen und Dornenbüsche machen ihm nichts aus. Nur zwischen längeren Dürrezeiten muss es ins Hochland abwandern, wo es mehr Wasser gibt. Grevy-Zebras überstehen Trockenheit besser als Steppenzebras, die täglich trinken müssen, um zu überleben.

Das Steppenzebra: lieber eine etwas feuchtere Gegend

Das Steppenzebra lebt tiefer im Süden in der Steppe und Savanne. Wenn es viel geregnet hat, dringt es auch weiter nach Norden in die trockeneren Gebiete der Grevy-Zebras vor. Doch es wandert bei Dürre wieder in die feuchteren Gebiete im Süden zurück, sonst stirbt es an Wassermangel.

Das Bergzebra: ein echter Klettermaxe

Das Bergzebra ist so wie das Grevy-Zebra an die Halbwüste angepasst. Es lebt vor allem im Gebirge und im unfruchtbaren, felsigen Hochland. Darum hat es harte Hufe und kann gut klettern. In den trockenen Monaten folgen Bergzebras alten, bekannten Pfaden, die sie zu Quellen und Regenwasser-Sammelstellen in den Bergen führen. Sie trinken ein- oder zweimal täglich, können aber auch zwei und mehrere Tage ganz ohne Wasser auskommen. In Notzeiten bei großer Dürre graben Berg- und Grevyzebras in trockenen Flussbetten nach Wasser unter der Erde und heben Gruben aus. Das rettet oft anderen Tieren das Leben, die ebenfalls später aus diesen Wasserlöchern trinken. Dazu zählen der Löwe und die Giraffe.

◀ Das Shetlandpony ist ein Hauspferd. Es hat einen langen Schweif, und seine Mähne hängt nach unten.

▲ Beim Zebra steht die Mähne senkrecht nach oben, und der Schweif ist am Ansatz bürstenartig.

Grevy-Zebra

Grevy-Zebras haben enge Streifen und große Ohren. Sie leben im Busch und in der Wüstensteppe.

Böhm-Steppenzebra

Steppenzebras haben Streifen am Bauch. Sie leben in der Steppe und Savanne.

Chapman-Steppenzebra

Es gibt auch Steppenzebras mit hellen Schattenstreifen zwischen den dunkleren Streifen.

Bergzebra

Bergzebras sind die kleinsten Zebras. Sie haben eine Hautfalte am Hals (Kehlwamme). Sie leben in Gebirgsregionen.

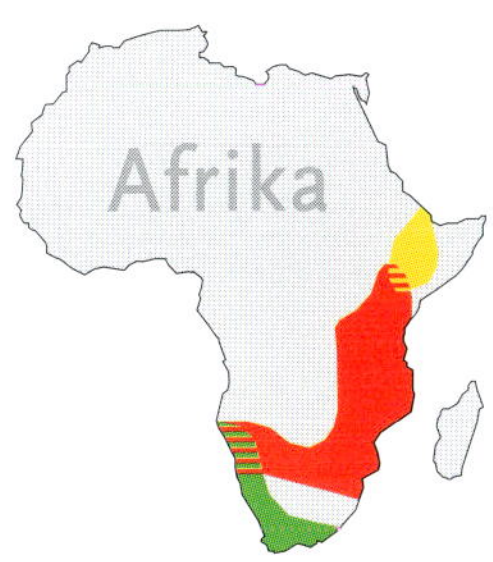

Welche Streifen für welches Zebra?

Alle Zebra-Arten haben ein gestreiftes Fell und sehen sich äußerlich sehr ähnlich. Wir müssen schon genauer hinsehen, um die verschiedenen Zebras zu unterscheiden.

Das Grevy-Zebra ist das größte aller Zebras, es heißt auch Riesenzebra. Es erinnert an einen gestreiften Esel, denn es hat große, runde Ohren und einen großen Kopf. Das Grevy-Zebra hat im Vergleich zu den anderen Zebras nahe beieinander liegende, enge Streifen. Nur am Hals und am Nacken sind die Streifen kräftiger. Der „Aalstrich“ ist bei den Grevy-Zebras deutlich sichtbar.

Die Steppenzebras sind kleiner und zierlicher als Grevy-Zebras. Viele haben braune Streifen zwischen den schwarzen Streifen. Es gibt fünf verschiedene Arten Steppenzebras. Im Norden haben sie mehr Streifen als im Süden. Da ist es schon schwieriger, sie zu unterscheiden.

Die kleinsten Vertreter der Art sind die Bergzebras. Sie haben einen Hautlappen an der Kehle, den man „Kehlwamme“

▲ **Die Steppenzebras im Biblischen Zoo in Jerusalem sind sehr gesellig.**

▼ **das Grevy-Zebra erkennt man leicht am wesentlich breiteren „Aalstrich“.**

▶ **Das Steppenzebra hat breitere Streifen als das Grevy-Zebra. Hellere Schattenstreifen kennzeichnen es zusätzlich.**

▲ **Das Grevy-Zebra ist das größte Zebra von allen Wildpferden.**

▲ Die Streifenzeichnung setzt sich bis in die Stehmähne fort. Bei diesem Grevy-Zebra ist sie besonders lang.

nennt. Dies unterscheidet sie von allen anderen Zebras. Bergzebras besitzen keine Schattenstreifen wie das Steppenzebra, sie haben vollständig gestreifte Beine und einen weißen Bauch.

Zebrastreifen – wozu?

Über die Bedeutung der Zebrastreifen wurde viel gerätselt. Vielleicht dienen sie den Zebras zur Tarnung, denn bei großer Hitze beginnt die Luft zu flimmern. In der Weite der Steppe „verschwimmt“ das Streifenmuster dann in einigen 100 Meter Entfernung. Somit sind Zebras für Feinde wahrscheinlich nicht mehr gut zu erkennen. Die Streifen schützen angeblich auch vor einem Plagegeist: der lästigen, blutsaugenden Tse-tse-Fliege. Tests haben nämlich gezeigt, dass die Fliege einfarbige Muster viel stärker anfliegt als gestreifte.

Gute Laune – schlechte Laune?

Michael Sched ist Tierpfleger im Wiener Tiergarten Schönbrunn. Er kümmert sich unter anderem auch um die Zebras. Morgens stürmen sie oft gut gelaunt auf ihn zu, so als wollten sie ihn fragen: „Hast du gut geschlafen?“ Sic können aber auch durchaus mal muffig sein. Im Gegensatz zu anderen Zebras mag es eines zum Beispiel gar nicht, wenn ihm das Fell gebürstet wird. Dann sinkt seine Laune. Die jeweilige Stimmung können der erfahrene Tierpfleger und die Zebras untereinander an der Stellung der Ohren ablesen.

▲ Von hinten ist das Grevy-Zebra (links) leicht vom Steppenzebra (rechts) zu unterscheiden. Trotzdem hat jedes Zebra seine persönliche Zeichnung.

◀ Zebras „sprechen“ miteinander. Sie verständigen sich mit vielen Lauten und Rufen.

◀ Die Körpersprache ist bei Zebras besonders wichtig. Die Haltung von Beinen, Hals und Kopf hat viel zu bedeuten.

▲ Die Mähne fällt nur bei Hauspferden ins Gesicht. Zebras brauchen freie Sicht, denn Vorsicht vor Raubtieren ist immer geboten.

Ohren wie Radarantennen

„Es hat viel zu bedeuten, ob die Ohren nach oben oder nach unten, nach hinten oder nach vorne gerichtet sind", erzählt Michael Sched. Die Ohren der Zebras tasten wie Radarantennen die leisesten Geräusche in der Umgebung ab. Gutes Hören ist in der Wildnis lebensnotwendig, um sich vor Feinden rechtzeitig in Sicherheit zu bringen. Zebras haben sehr bewegliche Ohren und besitzen ein viel schärferes Gehör als Menschen.

Starke Hengste

In der Wildnis zieht ein Hengst – also das Männchen – der Steppen- oder Bergzebras mit drei bis sechs Stuten – den Weibchen – und deren Fohlen umher. Die Stuten sind aber nicht miteinander verwandt. Denn junge Stuten und Hengste verlassen die Eltern im Alter von ungefähr eineinhalb Jahren. Hengste schließen sich Junggesellenherden an, bis sie sich selbst auf die Suche nach Stuten machen, um eine eigene Familie zu gründen.

Ein Zebra-Hengst ist stärker und aggressiver als die Stuten. Schließlich muss er in der Wildnis viel mehr kämpfen, um eine Herde zu gründen und zu verteidigen. Auch im Zoo sind die stärksten Hengste die Anführer einer Herde.

Im Wiener Tiergarten Schönbrunn leben mehrere Steppenzebras. Mit dem Hengst muss der Tierpfleger sehr vorsichtig und

▲ Beide Ohren sind nach vorne gerichtet: Das Zebra ist aufmerksam und interessiert.

▲ Die Ohren sind nach hinten gestellt: Irgendetwas gefällt diesem zebra nicht. Es ist verärgert.

▲ Das Zebra kann seine Ohren auch unabhängig voneinander drehen, zum Beispiel nach vorne und zur Seite.

◀ Jedes Zebra hat eine eigene Persönlichkeit. Die kennt der Tierpfleger Michael Sched natürlich und behandelt deshalb jedes Tier anders.

bedacht umgehen. „Ein Zebrahengst könnte mich in Sekundenschnelle krankenhausreif schlagen, wenn er mit den Hufen um sich schlüge", berichtet Michael Sched. „Er tut es aber nicht, denn ich verstehe ja seine Zeichen. Deshalb ist Vertrauen im Umgang mit den Tieren so wichtig. Jeder gute Tierpfleger spürt, ob ein Zebra-Hengst seine Nähe duldet oder nicht."

Die entführte Braut

Um eine eigene Herde in der Wildnis zu gründen, muss es einem Hengst erst einmal gelingen, junge Stuten von der Herde ihrer Eltern zu entführen. Das lassen sich die Väter aber nicht so ohne Weiteres gefallen. Sie verteidigen ihre Töchter eifersüchtig vor dem stürmischen Bewerber. Hat der junge Hengst das dann überstanden, muss er sich noch gegen alle anderen Junghengste behaupten, die ebenfalls Interesse für seine Auserwählte anmelden. Erst wenn eine Stute ein Fohlen von ihm bekommt, bleibt sie fest bei ihm. Ein Hengst hat meist bis zu sechs Stuten in seiner Herde, die sich erst aneinander gewöhnen müssen. Doch dann bleiben die Stuten oft ein Leben lang zusammen.

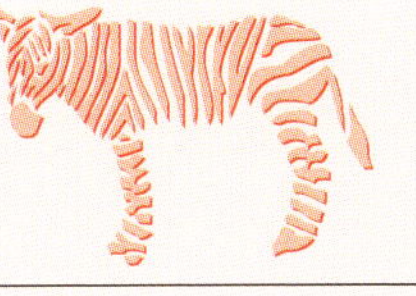

Zebras

- heißen drei von sechs wilden Pferdearten. Man unterscheidet zwischen Grevy-, Steppen- und Bergzebras.
- haben eine senkrecht nach oben stehende Mähne. Das unterscheidet sie von Hauspferden, deren Mähne nach unten hängt.
- sind in ihrem Bestand gefährdet. Darum werden sie von Zoos gezüchtet. Einige Zebras des Wiener Tiergartens Schönbrunn kehren bald in ihre ursprüngliche Heimat zurück.
- haben mal gute, mal schlechte Laune, genau wie die Menschen. Die Ohren sind ihr Stimmungsbarometer.
- sind schreckhafter und scheuer als Hauspferde. Doch durch Fellpflege, Streicheln und Zureden können Menschen ihr Vertrauen gewinnen.
- haben ein viel besseres Gehör als Menschen. Sie reagieren auf Geräusche, die wir überhaupt nicht hören.

10 Das Flusspferd: Faulenzen im Wasser – fressen an Land

▲ Ist das Flusspferd im Wasser, geht es ihm einfach gut.

Zur Familie der Flusspferde zählen zwei Arten: Das große Flusspferd, das in der Grassavanne lebt, und das viel kleinere Zwergflusspferd, das den tropischen Regenwald bevorzugt. Wir kennen das große Flusspferd auch unter dem Namen „Nilpferd". In Zoos sind Flusspferde leicht zu halten und zu züchten.

Verwandt mit dem Schwein

Großflusspferde können bis zu viereinhalb Meter lang und über 3000 Kilogramm schwer werden. Ihr Körper ist tonnenförmig wie bei Schweinen, denn Flusspferde und Schweine haben gemeinsame Vorfahren. Großflusspferde haben einen kurzen Hals, einen großen Kopf, ein riesiges Maul, winzige Ohren und kurze, plumpe Beine. Zwergflusspferde sind im Vergleich zu ihren großen Verwandten die reinsten Mini-Tiere: Sie werden höchstens 80 Zentimeter groß und wiegen nicht mehr als 270 Kilogramm.

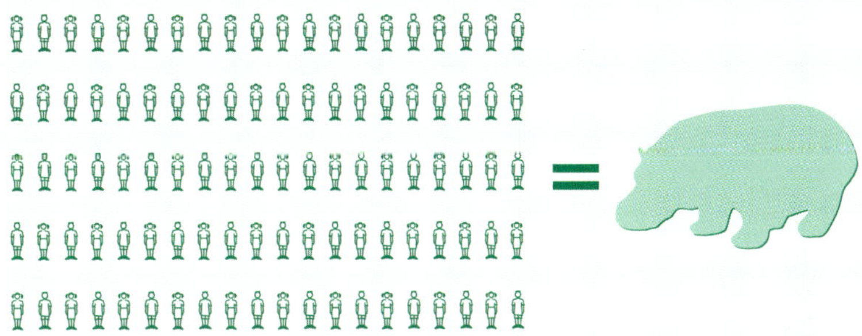

▲ **Ein ausgewachsenes Flusspferd von viereinhalb Metern Größe und 3000 Kilogramm Gewicht wiegt etwa so viel wie 100 Kinder. Flusspferde sind nach Elefanten und Breitmaulnashörnern die drittgrößten Landsäugetiere der Welt.**

Wie ein Frosch im Wasser

Flusspferde leben wie Frösche oder Krokodile sowohl im Wasser als auch an Land. Im seichten Wasser legen sie sich auf den Grund und heben zum Atmen nur den abgeflachten Kopf leicht an. Augen, Ohren- und Nasenöffnungen lugen über der Wasseroberfläche hervor, wenn die Tiere unter Wasser ruhen.

Im tiefen Wasser stehen Flusspferde auf allen Vieren und in noch tieferem Wasser nur auf den Hinterbeinen. Bei Wassertiefen ab sechs Meter atmen sie vor dem Untertauchen tief ein, schließen die Nasenlöcher und falten die Ohren zusammen. Erwachsene Flusspferde können bis zu fünf Minuten unter Wasser bleiben. Wenn sie atmen müssen, stoßen sie sich vom Boden ab, schnappen frische Luft und lassen sich dann wieder absinken. Auch im Schlaf tauchen sie auf und atmen ganz automatisch.

◀ **Zwergflusspferd im Berliner Zoo.**

◀ **Flusspferde schlafen auch unter Wasser. Das Kopfheben und Luftholen klappt dabei automatisch. Die Augen sitzen wie ein Ausguck auf dem Kopf, die Nasenlöcher lassen sich beim Tauchen verschließen. Die Ohren tauchen zuletzt unter und werden fest eingeklappt.**

Ein Flusspferd kommt auf die Welt

Mit den Hinterbeinen voran erblickt das Flusspferdjunge das Licht der Welt. Es wird unter Wasser geboren und muss schnellstens zur Oberfläche, um zu atmen. Junge Flusspferde können schon wenige Minuten nach der Geburt richtig gehen und der Mutter ins tiefere Wasser folgen. Sie machen es sich auch gerne huckepack auf Mutters Rücken bequem, wenn's zu anstrengend wird.

Eine Flusspferdmutter muss ihrem Kind erst beibringen, dass sie die Mutter ist. Das Baby läuft sonst nämlich allem und jedem hinterher, was groß ist und sich bewegt. Mutter und Kind sondern sich daher zwei Wochen lang von anderen Flusspferden ab, um sich richtig kennen zu lernen und aneinander zu gewöhnen.

▼ **Flusspferde sind strenge Mütter. Nur sie können ihre Babys davor schützen, dass sie von anderen Schwergewichten erdrückt werden.**

▼ **Das kleine Flusspferd muss noch eine Weile wachsen, um Mamas Bauchumfang zu erreichen.**

▶ **Mamas sorgsames Auge wacht auch im Schlaf über ihr Kind.**

▲ **Mamas Riesennase ist immer in nächster Nähe.**

◀ Flusspferde sind von den jungen Besuchern ebenso begeistert wie umgekehrt.

Wie ein Rasenmäher

Am frühen Abend gehen Flusspferde zum Grasfressen an Land. Mit Hilfe ihrer 50 Zentimeter breiten, kräftigen Lippen vertilgen sie etwa 40 Kilogramm Gras pro Nacht.

Das mächtige Maul des Flusspferdes funktioniert beim Fressen wie ein Rasenmäher, denn es kann auf einer breiten Fläche das Gras bis auf wenige Zentimeter über dem Boden vollständig abrupfen. Die unteren Schneidezähne liegen flach im Mund und ragen weit nach vorne. Sie bilden eine „Harke", mit der die Nahrung vom Boden abgegrast wird.

Flusspferde sind zwar sehr dick, haben aber trotzdem kaum Fett unter der Haut, das die Wärme abschirmen könnte. Bei Hitze verlieren sie viel mehr Wasser als andere Säugetiere. Um nicht auszutrocknen, müssen sie tagsüber meist unter Wasser bleiben.

▲ Flusspferde haben immer Hunger. „Wenn wir es zuließen, würden sie ständig fressen", meint der Tierpfleger im Flusspferdhaus Berlin, Jean-Pierre Kohnen. „Sie bekommen 25 Kilogramm Heu. Dazu Rüben, Brot, Gras, Salat, Äpfel und Hafer. Sie mampfen einfach alles, was man ihnen vor's Maul setzt."

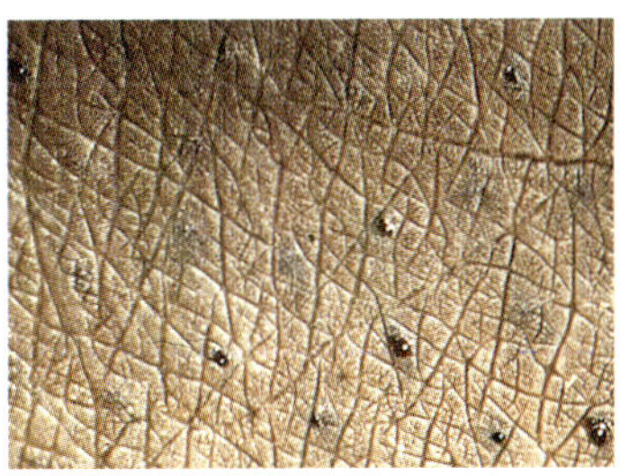

◀ Ein Flusspferd braucht keine Sonnencreme. Drüsen sondern eine rotbraune Flüssigkeit ab, die die Haut vor Wasserverlust, Sonnenbrand und auch vor Infektionen schützt.

▲ Ein schönes Schlammbad in Gesellschaft – für Flusspferde gibt es nichts Schöneres.

Am liebsten in Gesellschaft

Die 11-jährige Polly ist das jüngste Flusspferd-Weibchen im Berliner Zoo. „Polly ist ganz schön angriffslustig", erzählt Jean-Pierre Kohnen. „Wenn sie von ihrem Schlafplatz aus in Richtung Wasser trottet, blockiert sie anderen Artgenossen mitten auf der Treppe den Weg. Nur bei Bulette traut sie sich nicht – die ist schließlich die älteste. Vor ihr hat selbst die freche Polly Respekt."

Flusspferde sind sehr gesellig. Sie leben in Paaren, in kleinen Gruppen von 10 bis 15 oder großen Horden von bis zu 150 Tieren zusammen. Drohkämpfe und Verfolgungsjagden sind da an der Tagesordnung und sorgen für Aufregung.

Scharfe Zähne

Erwachsene Flusspferde sind mit gefährlichen Waffen ausgestattet. Die dolchförmigen unteren Eckzähne können bei den Männchen über 50 Zentimeter lang werden. Bei den Weibchen sind sie zwar kleiner, aber immer noch sehr eindrucksvoll. Sie wachsen das ganze Leben lang. Der obere und der untere Eckzahn sind so gegeneinander angeordnet, dass sie sich gegenseitig spitz schleifen.

◄ Flusspferde reißen aus ganz unterschiedlichen Gründen den Schlund auf. Auch die Kleinen üben das schon beizeiten.

Auch mal Rangeleien

Die riesigen Hauer setzen Flusspferde nur gegen Artgenossen ein, wenn es darum geht, ein Revier zu sichern. Anderen Tieren gegenüber sind sie sehr verträglich: Sie tragen sogar Nilgänse, Kormorane, Kuhreiher und andere Vögel, ja sogar Schildkröten auf ihrem Rücken oder Kopf mit sich herum. Sie legen sich auch friedlich zu Büffeln in den Schlamm.

Ede ist das einzige Männchen im Berliner Zoo. Er ist erst drei Jahre alt und noch sehr verspielt. Die Weibchen nehmen ihn nicht ernst. „Ede ist noch zu klein, um bei den Damen für Ordnung zu sorgen“, meint Jean-Pierre Kohnen. „Als er neu in die Gruppe kam, haben ihn die Weibchen ganz schön herumgescheucht. Jetzt lassen sie ihn zum Glück endlich in Ruhe. Zwei Männchen könnten wir allerdings nicht in einer Gruppe halten, da gäbe es gefährliche Kämpfe um den obersten Rang. Flusspferde miteinander vertraut zu machen ist nicht einfach und verlangt viel Fingerspitzengefühl“.

Klare Grenzen ziehen

Flusspferd-Bullen legen Wert auf ihr eigenes Revier. Deswegen markieren sie ihr Territorium mit Kothaufen. Begegnen sich einmal zwei Bullen an der Grenze ihrer Reviere, dann gehen sie im Wasser aufeinander zu, bleiben stehen und starren sich mehrere Minuten lang an.

Danach drehen sie sich so zur Seite, dass sie jeweils Kopf zu Schwanz nebeneinander stehen. Anschließend geben sie Kot und Urin ab und verteilen das Gemisch mit ihrem Schwänzchen schnell meterweit nach rechts und links in die Umgebung. So legen beide Bullen in gegenseitigem Einverständnis die Grenzen ihrer Reviere fest, und die Nachbarn gehen wieder friedlich auseinander.

▲ Vorläufig ist alles nur Spaß, so wie hier das Gerangel zwischen Mutter und Kind.

Die Flusspferde

- sind für ein Leben sowohl im Wasser als auch an Land ausgestattet.
- können ihr Maul 150 Grad weit aufreißen. Entweder drohen sie so Rivalen oder gähnen vor dem Einschlafen.
- markieren ihre Reviere mit Kot und Urin. Sie wedeln kräftig mit dem Schwänzchen, um ihre Duftmarken so weit wie möglich zu verstreuen.
- Großflusspferde haben 50 Zentimeter breite Lippen. Sie rupfen Gras ab wie ein Rasenmäher und verschlingen 40 Kilogramm in einer Nacht. Doch das entspricht nur einem Prozent ihres Körpergewichts.

11 Die Giraffe: Schlanker Riese Afrikas

▲ Giraffen sind Pflanzenfresser. Sie lecken im Zoo gerne Salz von einem Baumstamm.

Die Langhals- oder Steppengiraffe ist das höchste Landsäugetier der Erde. Giraffen ernähren sich von Blättern und Ästen. Auf der Nahrungssuche ziehen sie in losen Herden in den weiten afrikanischen Gras- und Buschsteppen südlich der Wüste Sahara umher. Das Okapi ist eine Kurzhalsgiraffe. Es zählt zur zweiten Giraffenfamilie, der viel kleineren Waldgiraffe. Das Okapi lebt als Einzelgänger in den schwer zugänglichen Regenwäldern der afrikanischen Länder Zaire und Kongo. Es wurde erst am Anfang des 20. Jahrhunderts von den Menschen entdeckt. Alle Giraffen haben Kopfhörner, die mit behaarter Haut überzogen sind. Ob kurzer oder langer Hals, alle Giraffen haben sieben Halswirbel, genauso wie der Mensch.

Das Fell – ein gut getarntes Einzelstück

Giraffen sind so groß, dass sie eigentlich nicht zu übersehen sind. Ihr geflecktes Fell ist eine perfekte Tarnung im Schattenspiel der Äste. Daher sind Giraffen, die vereinzelt zwischen Bäumen stehen, gar nicht so leicht zu entdecken.

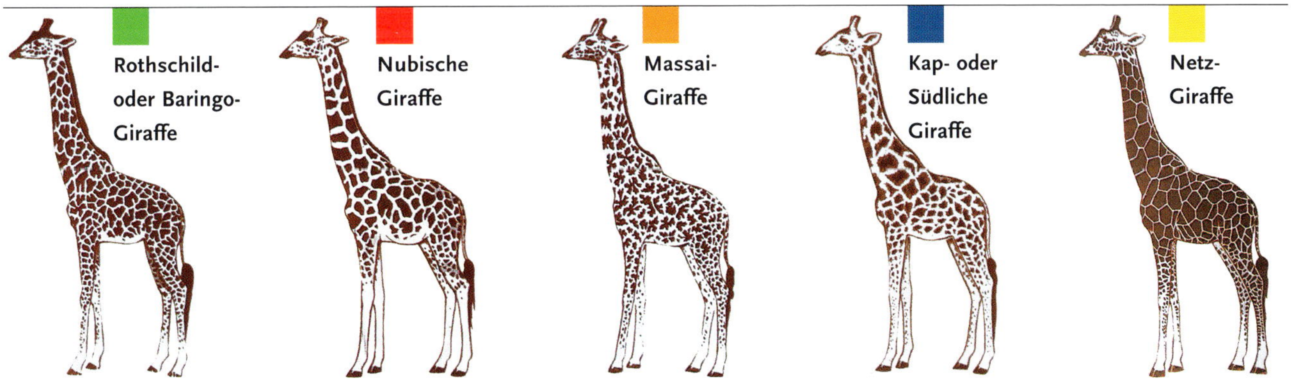

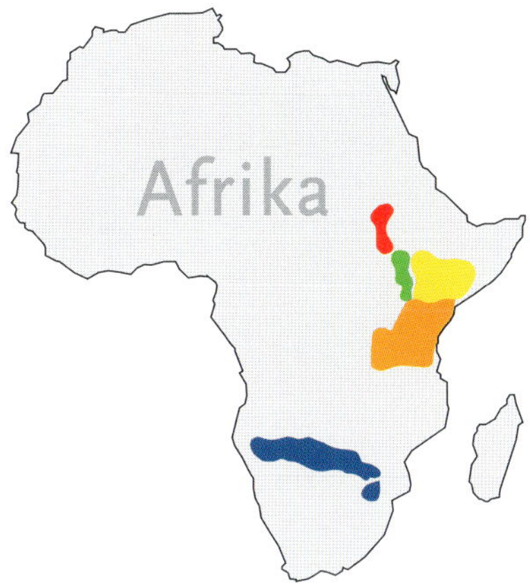

▲◀ Je nach Verbreitungsgebiet haben die Langhalsgiraffen unterschiedliche Fellzeichnungen.

Jede Giraffe hat ein anderes Fellmuster, das sie von allen übrigen Giraffen unterscheidet. Ihre Fellzeichnung ist ebenso einmalig wie der Fingerabdruck eines Menschen.

Die Giraffenfamilie im Tierpark Berlin-Friedrichsfelde, Alexander und Elli mit den Töchtern Elfi und Anne gehört zur Unterart der Rothschildgiraffen. Auf dem Fell der Rothschildgiraffen liegen helle Streifen zwischen den unregelmäßigen dunkel- bis rotbraunen Flecken.

Auch die Striche auf der Gesäßbacke des Okapis im Zoo von Antwerpen gibt es in dieser Form nur einmal. Den Mitarbeitern des Okapi-Zuchtprogramms im Antwerpener Zoo helfen die Striche, die Tiere voneinander zu unterscheiden. Die Fellzeichnung ist wie ein Preisetikett aus Strichen an einer Ware im Laden.

Unsanfte Landung aus zwei Metern Höhe

Giraffen werden schon seit über 150 Jahren in zoologischen Gärten gezüchtet. Nach etwa 14 Monaten Schwangerschaft kommt ein Giraffenkalb zur Welt. Die Geburt ist ein interessantes Schauspiel: Die Mutter steht dabei aufrecht, und das Neugeborene plumpst aus zwei Metern Höhe auf den Boden herunter. In nur 15 Minuten lernt es, sich auf den einen Meter langen, staksigen Beinen im Gleichgewicht zu halten. Erst wackelt es unsicher umher und fällt auch mal hin. Aber wenn das Baby trinken will, muss es auf die Beine kommen, denn das Euter liegt so hoch, dass es nur im Stehen erreichbar ist.

▼ Okapis tragen ihre persönliche Erkennungsmarke auf der Gesäßbacke. Okapis sind Kurzhalsgiraffen aus dem tropischen Regenwald, die höchstens 170 Zentimeter hoch werden.

▶ **Bei der Geburt ist das Giraffenkalb etwa eineinhalb bis zwei Meter hoch und wiegt etwa 100 Kilogramm. Es muss ordentlich fressen, um schnell auf fünf Meter zu wachsen wie der Papa.**

▲ **Giraffenfamilie in drei Stockwerken. Giraffenbullen sind stärker und größer als die Weibchen. Ihr Körper wächst auch nach dem Erwachsenwerden weiter.**

Elli und ihre Töchter Elfi und Anne sind alle echte Berliner. Ellis Mutter starb damals bei der Geburt. Deshalb übernahmen die Tierpfleger die Mutterpflichten und zogen Elli mit der Hand auf. „Das Füttern war damals schwierig", erinnert sich der Sicherheitsinspektor Enrico Matthies. „Giraffen sind eher scheu, und Elli ließ uns damals mit der Spezial-Riesen-Nuckelflasche nicht an sich heran. Schließlich besorgten wir eine Suppen-Schöpfkelle aus einer Großküche mit einem langen Stiel. Das war die Lösung. Elli brauchte uns nicht so nahe an sich herankommen zu lassen, aber sie konnte trotzdem aus der Vertiefung der Schöpfkelle den Milchersatz trinken." Heute ist sie selbst eine gute Mutter und hat schon drei Kinder großgezogen.

Ein starker Bulle

Männliche Giraffen heißen Bullen. Alexander war bereits 1,90 Meter hoch, als er zur Welt kam, etwa 20 Zentimeter größer als ein Weibchen. Jetzt ist er neun Jahre alt und knapp fünf Meter hoch. Ein erwachsener Mensch kann heute schon unter dem Körper zwischen seinen Beinen hindurchspazieren.

Doch Alexander wird noch weiterwachsen. Er kann bis 5,80 Meter hoch werden – so hoch wie ein großer Baum. Ein Bulle wie Alexander wird bis zu einem Meter höher als eine Giraffenkuh wie Elli und kann bis zu 2000 Kilogramm auf die Waage bringen. Ein Weibchen dagegen wird höchstens 1200 Kilogramm schwer.

Konkurrenz unter „Männern"

Mit drei Jahren machen junge Bullen ihren stärkeren Vätern bereits Konkurrenz. Das wird vom „alten Herrn" nicht geduldet, und so verlassen die jungen Männchen die Eltern. Sie bleiben zunächst allein oder tun sich zu losen Junggesellenherden zusammen.

Ab dem siebten Lebensjahr schließen sich die Jungbullen auch Herden mit Giraffenkühen an. Jetzt sind sie stark genug, um sich in Rivalenkämpfen gegen andere

Bullen zu behaupten. Die Konkurrenten prügeln mit Hals und Kopf aufeinander ein, verletzen einander aber nicht ernsthaft. Der Verlierer verlässt schließlich schleunigst das Revier. Doch manchmal grasen die Rivalen nach dem Kampf auch wieder friedlich nebeneinander.

Giraffen haben Charakter

Giraffen sind mal guter und mal schlechter Laune – je nach Tagesform. Außerdem hat jede ihren eigenen Charakter. Sie können zum Beispiel scheu sein wie Elli. Doch Elfi, Ellis freche Tochter, ist genau das Gegenteil. Gehen die Tierwärter zum Saubermachen in die Freianlage, stellt sie sich mit ihren riesigen Hufen dazwischen und blockiert die Arbeit. „Sie gibt die Arbeitsgeräte erst wieder frei, wenn sie ausreichend am Hals getätschelt wurde", erzählt Enrico Matthies.

Laufen wie ein Kamel, rennen wie ein Hase

Giraffen haben zwei Gangarten, den Passgang – so nennt man das normale Laufen – und den Galopp. Wenn sie laufen, tragen zuerst die beiden linken Beine das gesamte Gewicht und anschließend die beiden rechten Beine, wie bei einem Kamel. Der Hals schwingt im Rhythmus passend zu den Beinen und hilft der Giraffe, das Gleichgewicht zu halten. Im Galopp arbeiten Vorderfüße und Hinterfüße zusammen wie bei einem rennenden Hasen. Die Hinterfüße landen dann außerhalb vor den Vorderfüßen auf dem Boden. Giraffen galoppieren mit einer Geschwindigkeit von 50 bis 60 Kilometer pro Stunde.

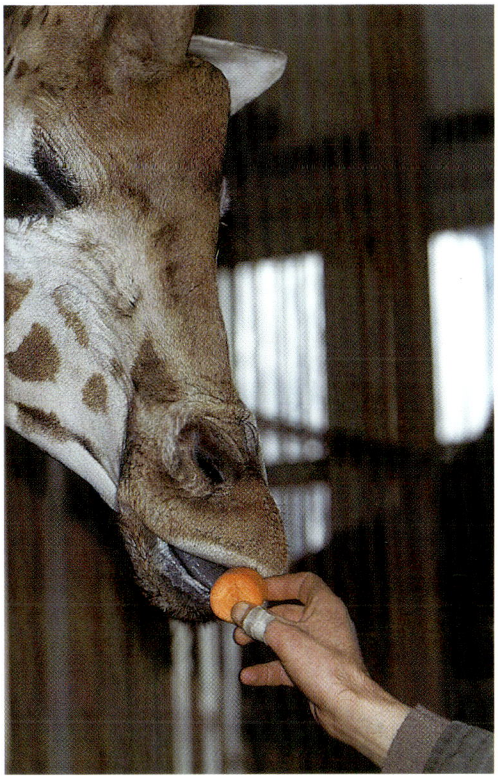

◀ **Kleine Leckerbissen wie eine Karotte festigen die Freundschaft zwischen der Giraffe Lisa und dem Tierpfleger Michael Sched.**

▼ **Im Passgang schwingen nur die Beine, im Galopp auch noch der Hals.**

◀ **Die Hufe der Giraffe sind eine gefährliche Schlagwaffe zur Verteidigung gegen Feinde.**

▲ Mit der langen Zunge zieht die Giraffe auch die entferntesten Zweige am Baum zu sich heran.

▼ Die Giraffe ist abschüssig wie eine Rutschbahn, da die Vorderbeine länger als die Hinterbeine sind.

Vorsicht vor den Hufen!

Junge Giraffen im Galopp sehen sehr spaßig aus, doch für die Tierpfleger in der Freianlage heißt es jetzt: In Deckung gehen! „Es ist besser, ich bringe mich in Sicherheit", erklärt Michael Sched, der Giraffenpfleger im Wiener Tierpark Schönbrunn, „denn die Giraffe kontrolliert im Galopp doch nicht so genau, wo ihre Füße gerade hinfliegen." Ihre Hufe sind besonders gefährlich. In der Wildnis sind sie die wirkungsvollste Waffe zur Verteidigung gegen Feinde. Die Giraffe kann einen angreifenden Löwen mit ihren wuchtig schleudernden Beinen erschlagen. Mit den langen Beinen überspringt sie auch Gewässer, Gräben und bis zu fast zwei Meter hohe Zäune.

Zunge rausstrecken ist erlaubt!

Der Mund der Giraffe ist ganz unempfindlich gegen Piekser, denn Verhornungen schützen Lippen und Zunge gegen Stacheln. Deshalb hat sie auch kein Problem beim Fressen ihrer Hauptnahrung: dornenreiche Akazien. Sie reißt Blätter und junge Triebe ab und reicht mit ihrer langen Zunge weit in die Baumkrone hinein. Die Giraffe kann die Zunge fast 50 Zentimeter weit herausstrecken, und ihre Oberlippe ist besonders beweglich.

Von Akazien bis Knäckebrot

Im Zoo ist der Speisezettel von Giraffen weit gefächert. Auch hier fressen sie stachelige Robinien. Dazu noch Äste und Blätter von anderen Laubbäumen. Obst wie Äpfel, Orangen und Bananen oder Gemüse wie Lauch, Rote Beete und Mohrrüben sind ebenfalls beliebt. Elli und Alexander haben daneben eine besondere Vorliebe für Knäckebrot entwickelt.

▲ In der Wildnis nehmen Giraffen täglich 35 Kilogramm Pflanzennahrung auf.

Das höchste Säugetier der Welt

Von allen heute noch lebenden Landsäugetieren wachsen Langhalsgiraffen am höchsten. Zu dem sehr langen Hals kommen noch lange Beine und hohe Schultern. Der meterlange Schwanz hat am Ende ein Bündel langer schwarzer Haare. Er dient als Fliegenpatsche und Schutz gegen andere Störenfriede.

▲ **Fressen in verschiedenen Stockwerken. So ist Platz für alle an einem Baum. Die Giraffe erreicht die höchsten Zweige bis zu 5,80 Meter Höhe.**

Die Giraffe erreicht mit ihrem langen Hals das oberste „Stockwerk" der Bäume, um dort Blätter und Triebe abzufressen. So hoch reicht sonst nur noch der Elefant. Antilopen fressen weiter unten. Die Natur hat es gut geregelt, unterschiedlich große Pflanzenfresser zu schaffen. So fressen sich die Tiere nicht gegenseitig das Futter weg.

Dösen und schlafen

Aus Vorsicht vor Feinden schläft die Giraffe in der Wildnis immer nur für wenige Minuten ganz tief. Aber Dösen ist erlaubt. Die Ruhephase beginnt gleich nach Einbruch der Dämmerung. Die Giraffe macht es sich bequem, indem sie die Vorderbeine ausstreckt und ein Hinterbein unter den Körper legt. Das zweite Hinterbein wird zur Seite gestreckt. Der Hals bleibt aufgerichtet. Die Giraffe döst insgesamt sieben bis neun Stunden im Halbschlaf, steht aber alle zwei Stunden auf. Dann setzt sie Kot und Harn ab und nimmt auch ein wenig Nahrung auf.

▲ **In der Steppe ist es für Giraffen gefährlich, vom Boden zu trinken. Sie müssen den Kopf tief senken und die Beine grätschen – eine leichte Beute für Raubtiere.**

Die Giraffe

- **hat zwar einen langen Hals, aber auch nur sieben Halswirbel, genauso viele wie der Mensch.**
- **ist das höchste Säugetier. Die männliche Langhalsgiraffe wird fast sechs Meter hoch. Doch es gibt auch eine Kurzhalsgiraffe: das Okapi. Es wird 170 Zentimeter hoch.**
- **frisst Blätter und Zweige von Akazienbäumen. Stacheln und Dornen machen ihr nichts aus.**
- **ist ein friedlicher Pflanzenfresser. Trotzdem kann sie mit ihren kräftigen Beinen einen Löwen mit einem Schlag töten.**
- **läuft im Passgang wie ein Kamel und galoppiert wie ein Hase mit bis zu 60 Kilometer pro Stunde.**

12

Der Biber: Holzfäller, Baumeister, Familienwesen

▲ Der Biber benutzt die Zehen der Vorderfüße wie die Finger einer Hand.

Mit seinen scharfen Zähnen gehört der Biber zur Gruppe der Nager. Biber fällen ganze Bäume, aus Ästen und Gezweig bauen sie Dämme und Brücken und gestalten so ihr Wohngebiet. Die Biber sind richtige Familientiere. Sie bauen sich ein Haus, richten es ein und legen für die ganze Familie Wintervorräte an. Der Biber lebt in Westeuropa, in Nord- und Zentralasien und Nordamerika am Ufer von Flüssen, Bächen und Seen.

Auf der Biber-Teichanlage im Alpenzoo Innsbruck schwimmen nur ein paar Enten. Sonst bewegt sich nichts. „Tagsüber bleiben die Biber in ihrem Bau", erklärt der Tierpfleger Michael Winkler. „Sie kommen meistens erst in der Dämmerung heraus und sind dann auch in der Nacht unterwegs." Jetzt können wir die Biber durch spezielle Sichtfenster in ihrem unterirdischen Bau beobachten. Sie schlafen gerade und gähnen zwischendurch.

Der Holzfäller Biber

Am Eingang zum Biberbau stehen ein paar dicke Baumstämme. Hier hat der Biber seine Nagespuren hinterlassen. Es hätte nicht viel gefehlt und die Baumstämme wären durchgebrochen.

Riesige, ständig nachwachsende Zähne sind ein typisches Kennzeichen der Biber. Die besonders kräftig ausgebildeten Kieferknochen helfen dem Biber bei seiner anstrengenden Nagearbeit. Mit der Beißkraft seiner Zähne kann ein Biber in einer Nacht den Stamm eines ausgewachsenen Baumes durchnagen und fällen.

Ein hungriger Geselle

Es hat einen guten Grund, dass Biber ganze Bäume fällen. Hoch oben in der Baumkrone finden sie nämlich ihre Lieblingsnahrung: weiche Äste, Blätter und zarte junge Triebe. Biber sind hungrige Gesellen und brauchen große Mengen frischer Pflanzenstoffe. Die Bibereltern im Alpenzoo vertilgen zusammen mit ihren drei Jungen immerhin etwa 25 Kilogramm Nahrung am Tag. Viel Arbeit für den Tierpfleger, Michael Winkler, der das ganze Futter für die Biberfamilie erst einmal herbeischaffen muss.

Im Alpenzoo sparen sich die Biber das Bäumefällen, schließlich serviert ihnen Michael Winkler alles gleich in mundgerechten Portionen. Auch Gräser, Äpfel, Karotten und Salat sind auf dem Speisezettel willkommen. Nun ist Fütterungszeit! Herr Winkler bringt neue Zweige in die Biberanlage. Er steigt über die Abgrenzung des Geheges und betritt das Biberrevier. Nun herrscht Alarmstufe eins für die Biber und auch für Herrn Winkler. Biber können ja ganz schön zubeißen und außer ihren kraftvollen Nagezähnen besitzen sie noch eine weitere wirkungsvolle Verteidigungswaffe, nämlich den etwa 30 Zentimeter langen Schwanz. Tierfachleute nennen ihn auch „Kelle".

◀ Hier haben die Biber ganze Arbeit geleistet. Mit ihren großen und starken Nagezähnen sind sie sehr erfolgreiche Holzfäller.

▲ Hier lernt ein junger Biber, Bäume zu fällen. Dabei gibt es Einiges zu beachten. Schließlich soll der Baum in die gewünschte Richtung fallen: ins Wasser und in die Nähe des Biberbaus.

▲ Das Schneidewerkzeug des eifrigen Holzfällers.

Einer der alten Biber warnt den Rest der Familie mit der Kelle vor dem Eindringling, Herrn Winkler: Mit voller Wucht klatscht er in Richtung Feind aufs Wasser und veranstaltet mit seiner Kelle ein Riesengespritze bevor er abtaucht. „Die zielgenau dosierte Ladung Wasser verfehlt ihr Opfer nie", lacht Herr Winkler. „Die Dusche ist mir sicher, und die Zoobesucher amüsieren sich köstlich." Und schwupp – sind alle Biber abgetaucht. „Bei der Fütterung wurde auch schon einmal ein Pfleger in die Finger gebissen", erinnert sich Herr Winkler. „Darum Vorsicht vor Kelle und Zähnen!"

▼ **Die Kelle sieht aus wie eine geschuppte Fischflosse. Sie ist unbehaart und mit einer lederartigen Haut bedeckt.**

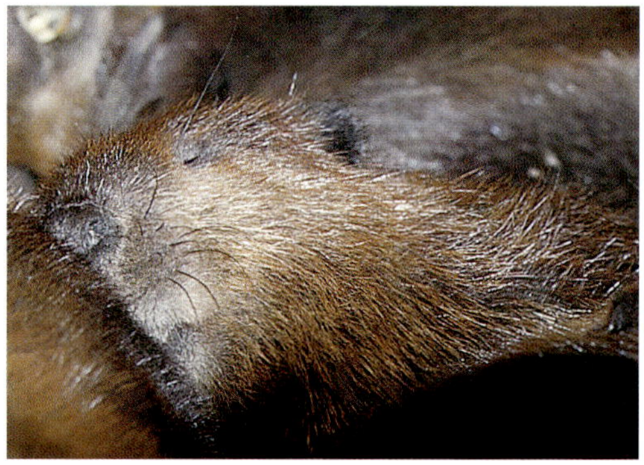

▲ **Der Biber schläft eingehüllt in einen wärmenden Pelzmantel. Auf dem Bauch hat er etwa 23.000 Haare pro Quadratzentimeter.**

Die Kelle des Bibers hat aber auch noch weitere Funktionen: Im Wasser dient sie zur Steuerung, an Land stützt sie den Biber, damit er beim Nagen nicht umkippt, wenn er aufrecht auf den Hinterfüßen steht und mit den Vorderfüßen die Zweige hält.

Sind Biberjunge wasserscheu?

Freiwillig gehen junge Biber nicht ins Wasser. Da muss die Mutter schon ein bisschen nachhelfen. Fünf bis sechs Tage nach der Geburt trägt sie die Kleinen aus dem Bau hinaus und setzt sie ins Wasser. Erwachsene Biber können ihr Fell zum Schutz vor der Nässe einfetten. Das Öl dazu kommt aus Drüsen am Hinterteil. Die Jungen können das noch nicht. Das Einfetten übernimmt die Mutter, sonst würde das wollig weiche Fell der kleinen Biber sofort nass werden. Trotz der mütterlichen Fürsorge sind die Jungen wasserscheu. Sie paddeln zunächst unbeholfen an der Wasseroberfläche herum. Erst wenn die eigene Ölabsonderung in Schwung gekommen ist, wird das Fell wasserdicht. Jetzt beginnen die jungen Biber endlich, im Wasser zu spielen und zu tauchen.

Mein Haus ist meine Burg

Biber sind sehr häuslich und lieben das Familienleben. Ein Biberpaar hat jedes Jahr einen Wurf mit vier bis sechs Jungen. Mit zwei bis drei Jahren ist ein Biber erwachsen. Oft leben die im Vorjahr geborenen Jungen mit ihren jüngeren Geschwistern und den Eltern noch eine Weile zusammen, bis sie schließlich eine eigene Familie gründen.

Der Mittelpunkt des Familienreviers ist die Biberburg. Hier verbringt die Biberfamilie im Alpenzoo die meiste Zeit des Tages. Der Zugang zur Biberburg liegt immer unter Wasser. Er ist von außen schwer zu erkennen, wenn nicht gewisse Zeichen wie Ein- und Ausstiege am Ufer oder gefällte Bäume auf die Biber hinweisen.

Im Alpenzoo ist gut zu beobachten, wie die Biberfamilie ihre Burg einrichtet. Ein „Zimmer" wird zum Schlafen mit Sägespänen ausgepolstert. Ein anderer Burgteil dient zum Fressen und zum Ästezerkleinern, wieder ein anderer ist Sammelstelle für Äste und Zweige. Die Biberfamilie ist jeden Tag mit Reinigung, Erhaltung und Ausbau ihrer Burg beschäftigt. Dreimal im Jahr führt allerdings Michael Winkler in der Biberburg den Hausputz durch. Dabei wird der Bau gesäubert und Äste, Nahrungsreste und vielleicht auch einmal eine verirrte Maus oder im Frühjahr eine Kröte entfernt. Sofort danach beginnen die Biber, ihre Burg von neuem einzurichten und auszupolstern.

▲ **An einem Tag vertilgt die fünfköpfige Biberfamilie die Äste eines ganzen Weidenbaumes, einer Esche, Erle oder Espe.**

▼ **Die Biber sind die größten Baumeister unter den Nagetieren. Sie errichten in ihren Wohngewässern oft mächtige Dämme und Burgen. Die Wohnkessel liegen stets über, die Eingänge unter dem Wasserspiegel.**

1. **Biberburg**
2. **Wohnkessel**
3. **Eingang zur Biberburg**
4. **Nahrungsvorrat**
5. **Damm**

▲ Der Biber trägt die Äste mit den Zähnen durchs Wasser. Die Kelle besorgt die Steuerung. Die kräftigen, durch Schwimmhäute verbundenen Zehen der Hinterfüße besorgen die Schwimmarbeit.

Gut vorgesorgt für karge Zeiten

Im Oktober und November beschäftigen sich die Biber im Alpenzoo mit dem Anlegen von Essensvorräten für den Winter. Dazu stecken sie die dünnen, weichen Zweige des Weidenbaums einen neben dem anderen am Teichboden fest. Das Wasser dient als Kühlschrank und hält die Triebe unter Wasser frisch. Die Biber begnügen sich mit der dickeren Rinde der Baumstämme und heben sich die Leckerbissen für karge Zeiten auf. Jetzt kann der Winter ruhig kommen und die Wasseroberfläche zufrieren. Die Biberfamilie kommt trotzdem unter Wasser von ihrem Bau aus an die Nahrung heran und muss nicht auftauchen.

▶ Der Wintervorrat in der Nähe des Eingangs zur Biberburg sorgt auch in der kalten Jahreszeit für frische Nahrung.

Herr Winkler verpflegt seine Tiere natürlich auch im Winter. Trotzdem lassen sich die Biber nicht von der Vorratshaltung abbringen und beginnen pünktlich jedes Jahr um dieselbe Zeit mit der Arbeit.

Warum bauen Biber Dämme?

Der Biber kann nur leben, wenn das Wasser in seinem Wohngebiet auch tief genug ist. Wenn das Gewässer, an dem er lebt, zu flach ist, baut sich der Biber einfach einen Damm. Durch den Damm staut sich der Bach, und es entsteht ein Teich, der zum Schwimmen und Tauchen und zum Anlegen der Wintervorräte ausreichende Tiefe besitzt. Vor allem muss der Burgeingang unter Wasser liegen.

Der Dammbau erfordert viel Geschicklichkeit. Der Biber schleppt Zweige und Äste mit den Zähnen durch das Wasser und rammt armlange, dicke Knüppel in den Schlamm. Dann füllt er so lange Lehm, Stöcke, Steine und Schlamm auf, bis der Damm dicht ist. Dieses Füllmaterial trägt er auf seinen Vorderbeinen heran, die er wie zwei Hände einsetzt.

Der Biber ist schlau. Er baut nur dann einen Damm, wenn es nötig ist, Wasser aufzustauen. Ist das Wasser tief genug, die Nahrung gesichert und der Bau nicht von Feinden bedroht, dann lässt er die Arbeit schön bleiben und schläft noch eine Runde in seinem Bau. „Im Alpenzoo denken die Biber nicht im Traum daran, einen Damm zu bauen, die haben ja alles“, lacht Michael Winkler. „Da können wir so viele Zweige herbeischleppen, wie wir wollen.“

Was tun Biber am liebsten?

Michael Winkler überlegt eine Weile. „Ich hatte in den letzten 20 Jahren nie den Eindruck, dass Biber das Wasser besonders genießen. Erwachsene Biber spielen auch nicht. Sie sind mit Nagen, Bauen und Fressen beschäftigt, und wenn sie damit fertig sind, schlafen sie am liebsten.“

Die meiste Zeit verbringen die Biber in ihrem Bau. Sie schlafen oder ruhen 12 bis 14 Stunden lang, im Winter sogar noch länger. Dann liegen sie eng aneinander gekuschelt nebeneinander wie die Heringe in einer Heringsdose. Dabei spielt es keine Rolle, ob ein Hinterfuß im Gesicht des Nachbarn ruht oder ein Kopf auf dem Hinterteil des Nachbarn abgelegt wird. Hauptsache, so eng wie möglich. Gelegentlich gähnt ein Biber, kratzt sich am Ohr, die Barthaare zucken im Schlaf. Ein anderer Biber wechselt die Stellung, alle geraten in Aufruhr. Die Plätze werden neu verteilt, dann kehrt wieder Ruhe ein. Die nächste Schlafrunde beginnt.

▼ Es sieht ganz so aus, als würden die Biber am allerliebsten dicht aneinander gekuschelt schlafen und Biberträume träumen.

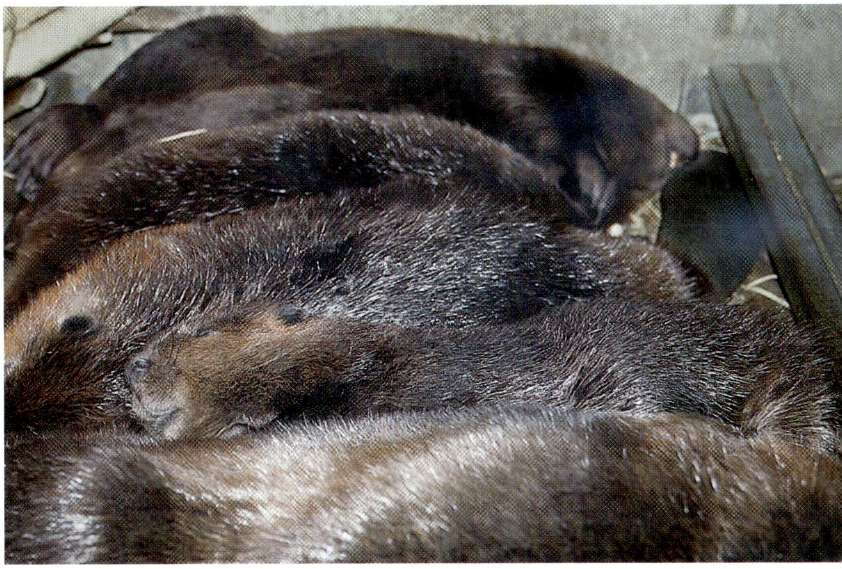

Der Biber

- **baut, wenn es nötig ist, Brücken, Verkehrsstraßen, Kanäle und Dämme.**
- **errichtet eine Burg mit unterirdischem Eingang, wie der Geheimgang zu einem alten Schloss.**
- **schläft die meiste Zeit des Tages in seinem Bau.**
- **bekommt jedes Jahr bis zu sechs Junge und lebt gerne im Kreis seiner Familie.**
- **fällt mit seinen Nagezähnen wie ein Holzfäller Bäume.**
- **legt für den Winter Nahrungsvorräte unter Wasser an.**
- **frisst mit seiner Familie jeden Tag die Blätter und Äste eines ganzen Baumes.**

13 Die Fledermaus: Flugakrobatin mit sehenden Ohren

▲ Diese Fledermaus heißt Myotis velifer. Wie viele Tiere, die nachts lebendig werden, hat sie große Augen. So sieht sie noch besser in der Dunkelheit.

Fledermäuse haben ein ähnliches Fell wie die Mäuse und fliegen so gut wie die Vögel. Doch sind sie weder Vögel noch Mäuse, sie gehören zur Familie der Fledertiere. Viele Fledertiere lieben die Wärme. Darum leben sie hauptsächlich in den warmen Gebieten unserer Erde. Die Gruppe der Fledermäuse im Zoologischen Garten Frankfurt wurde ursprünglich aus Brasilien in Südamerika eingeführt. Sie heißen Brillenblattnasen.

▲ Große Ohren helfen dieser Fledermaus bei der Orientierung in der Nacht.

Ein spärliches Licht deutet uns den Weg in der Finsternis, vorbei an 22 Tiergehegen, die beinahe im Dunkeln liegen. Wir befinden uns in der Unterkunft der Fledermäuse, die tagsüber schlafen und nachts lebhaft sind. Hier wohnen mehrere 100 Brillenblattnasen. In ihrer Heimat (Mittel- und Südamerika) kommen sie bei Einbruch der Nacht einzeln oder in Gruppen zu Tausenden aus ihren Unterschlüpfen – Höhlen, hohlen Bäumen, Tunnels – hervor. Die meisten Fledermäuse leben in Höhlen. In Mexiko und in Texas gibt es Höhlen, in denen bis zu 20 Millionen Fledermäuse leben. Jeden Abend erscheinen die Tiere wie eine Rauchwolke am Höhleneingang, wenn sie ausfliegen. Diese Massenkolonien bilden die größten Tiergesellschaften der Wirbeltiere, die es auf der Welt gibt.

▲ **Auch in stockdunkler Nacht bleibt der Fledermaus keine Beute verborgen. Vielleicht kann sich der Käfer durch einen Sturzflug ins Gebüsch retten.**

Nächtlicher Jagdausflug

Die Nahrung der Brillenblattnasen besteht überwiegend aus Früchten und Blütennektar. Die meisten anderen Fledermausarten fressen aber Insekten, die sie in der Nacht jagen. Damit sie in der Dunkelheit ihren Weg finden, senden die Fledermäuse durch den Mund, manche Fledermäuse auch durch die Nase, Tonwellen aus, die das menschliche Ohr nicht hören kann. Man nennt diese Töne Ultraschallsignale. Treffen die Signale auf einen Gegenstand, kehren sie als Echo zur Fledermaus zurück. Die Fledermaus hört das Echo und kann daran erkennen, wo sich interessante Beute befindet, zum Beispiel ein Nachtfalter oder ein Schmetterling. Die Fledermaus sieht sozusagen mit den Ohren.

◀ **Dieser Nachtfalter hatte Pech. Blitzschnell hat ihn die Fledermaus gepackt.**

▶ Manche Fledertiere trinken Nektar aus Blüten. Sie besitzen eine besonders lange Zunge.

Manche Insekten schmecken den Fledermäusen gar nicht, deshalb spucken sie sie nach dem Fang wieder aus. Manche Insekten schlagen Haken, um der Fledermaus zu entkommen. Gelingt der Zickzackflug, gehen die Ultraschallsignale der Fledermaus ins Leere. Einige Nachtschmetterlinge hören den Anflug der Fledermaus schon aus der Ferne. Blitzschnell tauchen sie im Sturzflug nach unten ab und verstecken sich im Gebüsch. Es gibt sogar Nachtfalter, die bei Gefahr selbst Ultraschallsignale aussenden. So verwirren sie die Fledermaus. Im Zoo geht es bei der Fütterung nicht ganz so abenteuerlich zu wie auf der nächtlichen Jagd.

Die Fütterung der Nachttiere

Nach der morgendlichen Gehegereinigung haben Herr Stadtmüller und seine Kollegen in der Futterküche alle Hände voll zu tun. Jede der knapp 50 Säugetierarten hat ihre eigene Speisekarte.

▲ Malaiische Palmenroller sind Fleischfresser, für süßes Obst aber immer zu haben. Dieser hier schält seine Banane selbst.

▶ Der Wickelbär nimmt vorsichtig von der Tier-Pflegerin Sonja Litzinger ein Stück geschälte Banane.

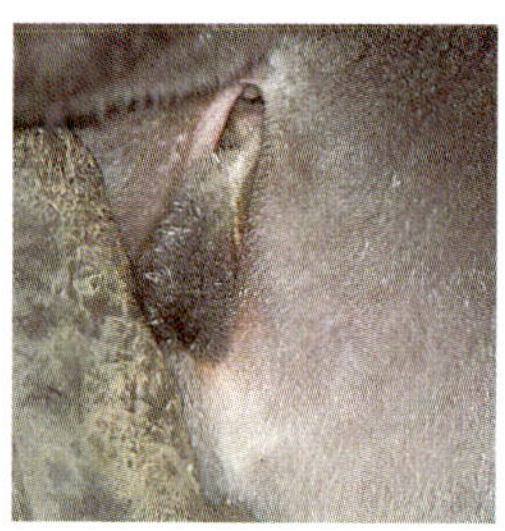

◀ ▲ Der Gleichfarbkuskus hat schon einen ganz dicken Bauch. Aber nicht vom Fressen, sondern von dem Baby, das er im Beutel herumträgt.

▲ Der erste Flügelschlag beginnt, bevor die scharfen Krallen den Untergrund loslassen. Sonst könnte der Sturzflug in die Tiefe unsanft auf dem Boden enden.

Die Brillenblattnasen bekommen täglich einen Brei aus vielen leckeren Zutaten: Bananen, Apfelsinen, Ananas, und Melone, Honig, Eier und Quark; dazu kommen noch einige besondere Stoffe wie Vitamine und Mineralien, die für die Gesundheit der Tiere wichtig sind. Einmal pro Woche gibt es auch Fleisch: Hackfleisch, Insekten, Heuschrecken, Grillen oder Mehlwürmer. Wenn alles zubereitet ist, geht es an die Fütterung. Wolfgang Schleenbäcker und Sonja Litzinger öffnen von den Pflegergängen des Nachttierhauses aus die Türen zu den Tiergehegen.

Die Volkszählung der Brillenblattnasen

Im Fledermausgehege gleiten Hunderte von dunklen Schatten an Wolfgang Schleenbäcker vorbei. Die Brillenblattnase ist von Mexiko bis Südbrasilien eine der am häufigsten vorkommenden Fledermausarten Südamerikas.

Inzwischen ist die Fledermauskolonie im Frankfurter Zoo von 200 Tieren im Jahr 1977 auf 800 bis 900 Tiere angewachsen. „So ganz genau kann ich nicht sagen, wieviele Tiere hier tatsächlich wohnen", meint Wolfgang Schleenbäcker. „Wir zählen die Fledermäuse höchstens alle zwei Jahre. Die Volkszählung der Brillenblattnasen ist jedes Mal eine Großaktion, denn jede Fledermaus muss in die Hand genommen werden. Wenn wir zu fünft um zwei Uhr nachmittags starten, sind wir bis acht Uhr abends mit Fledermauszählen beschäftigt. Wir zählen Weibchen, Männchen und Jungtiere getrennt und überprüfen vereinzelt das Gewicht und den Gesundheitszustand der Tiere."

▲ Hunderte von Schaulustigen bestaunen die Fledermäuse. In der Dämmerung starten in Austin, Texas, in Amerika eine Million Fledermäuse ihren Beuteflug. Sie wohnen unter der Brücke und vertilgen 20 bis 30 Tonnen Insekten in einer Nacht.

▲ Brillenblattnasen wohnen gerne in einer Höhle. Sie hängen kopfüber wie an einem Kletterhaken an den Hinterfüßen von der Decke herunter.

Die Gesellschaft der Brillenblattnasen

In dem 55 Quadratmeter und 160 Kubikmeter großen Flugraum sind im Dämmerlicht ein Felsen, Kletterbäume und eine Tropfsteinhöhle zu erkennen. Hier gibt es viele Hängemöglichkeiten für die Brillenblattnase. Mit den spitzen Zehenkrallen der Hinterfüße krallt sie sich wie mit Kletterhaken am Untergrund fest. Und 18 bis 20 Gramm Körpergewicht baumeln mit dem Kopf nach unten von der Decke. Nur die Spitze des Nasenaufsatzes der Brillenblattnase lugt noch nach oben in die Luft.

Starke Männchen verteidigen ihre Schlafplätze gegen männliche Konkurrenten. Sie haben nicht nur eins, sondern mehrere Weibchen. Einige Männchen bewohnen mit ihren Weibchen und den Jungtieren Ruheräume, die vom Besucherraum aus nicht zu sehen sind. Schließlich mögen die Brillenblattnasen auch ein bißchen Ruhe, um ihre Jungen zu bekommen. Die Männchen verteidigen ihre Gruppe von Weibchen gegen Konkurrenten. Männchen, die keine Weibchen haben, verbinden sich mit anderen alleinstehenden Männchen zu getrennten Schlafgemeinschaften.

▶ Fledertiere haben lustige Gesichter mit Furchen, Runzeln, Borsten, Hautlappen oder Nasenaufsätzen – so wie die Brillenblattnasen.

▼ Eine geeignete Wohnung ist für Fledertiere besonders wichtig – zum Beispiel zwischen Holzbalken unter dem Dach.

Flattertiere sind Flugakrobaten

Die Brillenblattnase benötigt für ihr Wohlbefinden das feuchtwarme Klima ihrer Heimat. Aus vielen Düsen sprüht ständig feuchte Luft in die Höhle. Ein Teich und ein Wasserfall sorgen zusätzlich für eine hohe Luftfeuchtigkeit. Nur bei feuchter Luft kann die Fledermaus ihre Flugkünste zeigen. Die Feuchtigkeit hält die hauchdünne Flughaut der Brillenblattnase elastisch. Bei Trockenheit reißt sie leicht ein, dann wird es gefährlich für den kleinen Flugkünstler. Doch sogar Risse so groß wie ein Zehnpfennigstück verheilen wieder von alleine. Sonst wäre der Tierarzt bei 800 kleinen Fledermäusen auch rund um die Uhr im Einsatz.

Manche Fledertiere legen bei Kälte und Regen ihre Flügel wie einen Regenmantel um den Körper. Dann schauen unten nur noch die Ohren und oben die Beine heraus. Das Wasser läuft an der Flughaut der Flügel ab wie an einer Plastikfolie.

▲ Fledertiere sind die einzigen Säugetiere, die wie Vögel und Insekten richtig fliegen können.

▲ Die Fledermaus frisst sozusagen „im Stehen" von einer Kaktusblüte.

◀ Zickzackflug, Hakenschlagen und in der Luft auf einer Stelle fliegen: für Fledertiere ganz normal.

Fledertiere

- gehören nicht zu den Vögeln, fliegen aber genauso gut. Sie haben ein ähnliches Fell wie Mäuse, sind aber keine Nagetiere.
- bilden die größten Tierkolonien der Welt.
- finden nachts mit Ultraschallsignalen ihren Weg.
- gibt es mit einer Flügelspannweite so lang wie ein Bleistift (etwa 18 Zentimeter), aber auch mit Flügeltragflächen so weit wie ein Baukastenflugzeug (etwa 1,70 Meter).
- sind die kleinsten Säugetiere der Welt (Schweinsnasen-Fledermaus). Sie wiegen zwischen zwei Gramm und eineinhalb Kilogramm.

14 Das Känguru: Meister im Boxkampf und Weitspringen

▲ Kängurus besitzen zurückgebildete Vorderarme und stark entwickelte Hinterbeine. Darum sind sie hervorragende Springer.

Kängurus gehören zu den Beuteltieren. Dazu zählen mehr als 270 Arten, darunter über 70 verschiedene Arten von Kängurus. Sie heißen deswegen Beuteltiere, weil die Weibchen einen Beutel haben. Dahinein kriechen die halbentwickelten Jungen nach der Geburt und bleiben noch mehrere Monate darin, um von den Zitzen der Mutter Milch zu säugen. Kängurus bewohnen fast alle Lebensräume Australiens und Neuguineas. In Australien heißen nur die größten Kängurus – die Riesenkängurus – „Känguru", die kleinen und mittelgroßen Bodenkängurus heißen „Wallabys".

Beuteltiere in Australien

In Australien gibt es etwa 140 verschiedene Beuteltierarten. Die meisten ruhen tagsüber und werden erst in der Dämmerung und nachts aktiv. Viele sind nicht größer als eine Maus oder ein Kaninchen. Auch Kängurus gibt es in unterschiedlichen Größen; sie können von 3,5 bis 70 Kilogramm wiegen – so viel wie ein erwachsener Mensch. So schwer werden zum Beispiel das Graue und das Rote Riesenkänguru. Wenn es aufrecht auf den Hinterfüßen steht, ist es 1,80 Meter groß. Zusammen mit dem ein Meter langen Schwanz hat es eine Körperlänge von bis zu drei Metern.

Das mittelgroße Sumpfwallaby hingegen ist aufrecht stehend höchstens 70 Zentimeter groß. Die Männchen, die schwerer sind als die Weibchen, wiegen im Höchstfall nicht mehr als 20 Kilogramm.

Kängurus in der Hitze

Im Sommer ist es in der australischen Wüste um neun Uhr morgens bereits 40°C heiß. Ein Mensch könnte es bei dieser Hitze kaum länger als eine halbe Stunde in der prallen Sonne aushalten. Das Rote Riesenkänguru aber hat sich an die große Hitze und Trockenheit angepasst. Wenn es ganz besonders heiß ist, kühlt es seinen Körper, indem es sich mit Speichel befeuchtet. Um Flüssigkeit im Körper zu halten, kann es seine Urinmenge sogar stark verringern. Wenn der Regen ausbleibt und die Nahrung knapp wird, kann das Weibchen vorübergehend keine Junge bekommen – eine kluge Schutzmaßnahme der Natur, denn ein Neugeborenes würde unter diesen Umständen kaum überleben.

◀ „Bei uns in Zürich können die Sumpfwallabys auch nach draußen gehen, wenn sie Lust haben. Schnee und Regen machen ihnen überhaupt nichts aus", berichtet ihr Tierpfleger, Martin Neuhaus.

▲ Die Farbe des Kängurupelzes ist so unterschiedlich wie der Lebensraum und die Größe der Tiere. Die Roten Riesenkängurus im Tierpark Hellabrunn in München sind rotbraun.

▲ Es gibt auch Wallabys mit einem weißen Pelz.

Kängurus im Schnee

Die Sumpfwallabys bevorzugen in ihrem ursprünglichen Lebensraum feuchte, bewaldete und gebüschreiche Gebiete mit vielen Knospen, Farnen und Rinden zum Fressen. Doch obwohl es dort im Winter keinesfalls so kalt ist wie in Mitteleuropa, haben sich die Sumpfwallabys im Zoo Zürich gut an die winterliche Kälte angepasst. Selbst im Schnee fühlen sie sich wohl, obwohl sie einen heizbaren Stall zur Verfügung haben.

▲ Das Baby wird wie in einer Einkaufstasche mit herumgetragen.

Das hüpfende Känguru

Beuteltiere bewegen sich auf unterschiedliche Weise fort. Es gibt Beuteltiere, die auf Bäume klettern, durch die Luft gleitfliegen, unter der Erde graben oder sogar im Wasser schwimmen. Die Kängurus aber springen mit den Hinterbeinen. Riesenkängurus sind besonders gute Springer. Bei Gefahr hüpfen sie kurze Zeit lang 13 Meter weit und erreichen sogar eine Höchstgeschwindigkeit von bis zu 88 Kilometern pro Stunde. Gewöhnlich streifen Kängurus in einem Gebiet umher, das nicht größer als zwei bis drei Quadratkilometer ist. Doch in der Dürrezeit legen sie bis zu 200 Kilometer auf der Suche nach Nahrung zurück.

▼ Riesenkängurus können drei Meter hoch springen. Der Nachwuchs in Hannas Beutel ist immer dabei.

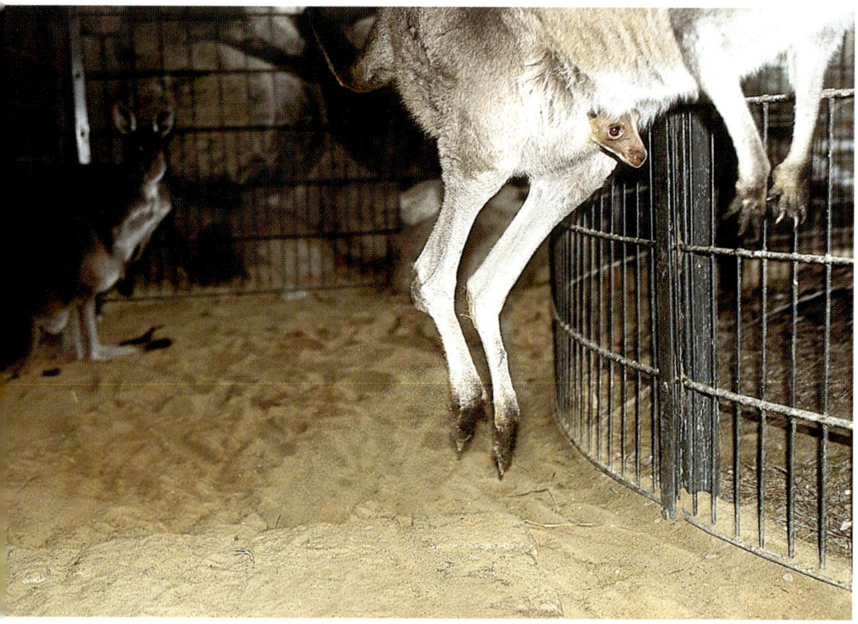

Auf Beutelsuche

Bei den Beuteltieren kann die Form der Beutel ganz unterschiedlich ausgebildet sein. Manche sind nach vorne geöffnet, manche nach hinten, wie zum Beispiel beim Koalabär. Obwohl er so heißt, ist er gar kein Bär, sondern ebenso ein Beuteltier wie das Känguru. Wozu der Beutel da ist, sehen wir deutlich bei Hanna, dem Grauen Riesenkänguru-Weibchen im Tiergarten Berlin. Hanna trägt den Beutel sichtbar vorne. Er ist eine bequeme Tragetasche für ihr Baby, denn darin trägt sie es wie in einem Einkaufsbeutel mit sich herum, bis es elf Monate alt ist.

„Mit sieben Monaten hat das Junge zum ersten Mal aus dem Beutel geschaut", berichtet Tierpfleger Björn Nobert, und erst nach zwei weiteren Monaten wird es ihn zum ersten Mal verlassen. Wenn das Riesenkänguru-Baby den Beutel endgültig mit elf Monaten verlässt, wiegt es zwei Kilogramm. Hannas Beutel muss weiterhin stark und dehnbar sein, da das Baby nach jedem Spazierhüpfen mit dem Kopf voran dahinein zurückklettert. Die Füße schauen oben heraus, sodass es erst mal so lange im Beutel herumturnen muss, bis es sich umgedreht hat. Jetzt ist nur noch zu klären, wie das Känguru überhaupt jemals in den Beutel hineingekommen ist.

Die abenteuerliche Reise des kleinen Kängurus

Schon nach 30 bis 40 Tagen im Mutterleib kommt ein kleines Känguru zur Welt. Als Neugeborenes misst es nur drei Zentimeter. Es ist taub, blind und völlig nackt, mit einer ganz dünnen Haut. Das neugeborene Sumpfwallaby oder Riesenkänguru wiegt weniger als ein Gramm, so viel wie eine Streichholz.

Die Geburt ist für das Baby eine anstrengende Angelegenheit. Es zerreißt die Eihülle, greift mit den Krallen der kräftigen Vorderfüße in das dichte Fell der Mutter und klettert mit Hilfe der gut ausgebildeten Händchen nach oben in Richtung Beutel. Der gut entwickelte Tast- und Geruchssinn weist ihm den Weg. In ein bis vier Minuten erreicht das Junge den Beutelrand. Hat es den Eingang gefunden, klettert es hinein und sucht sich im Brutbeutel eine von den vier Milchzitzen als seine „persönliche Milchflasche" aus.

Geschwister sagen sich an

Sobald das winzige Junge in den Brutbeutel geklettert ist, kann die Mutter weitere Babys haben. Das neue befruchtete Ei entwickelt sich aber erst weiter, wenn das ältere Junge den Beutel verlassen hat. Auch wenn das neue Baby schon im Beutel sitzt, kehren der größere Bruder oder die Schwester noch zwei Monate lang zurück, um Milch aus ihrer „Privatzitze" zu trinken. Die Mutter produziert für den verschieden alten Nachwuchs unterschiedliche Milch. Das ältere Junge erhält eine nahrhaftere und fettere Milch als jüngere Geschwister, die noch nicht so viel Kraft zum Herumtollen brauchen.

Ein Känguru wird erwachsen

Ab dem zwölften Monat lässt die Mutter ein Junges allmählich immer seltener zu sich in den Beutel steigen, um Milch zu trinken. Nur so lernt es langsam, Gras zu fressen. Die Sumpfwallabys in Zürich fressen Grünfutter, im Sommer Gras, Salat, Blätter, frische zarte Äste, Rinde und Heu. Es gibt auch noch Kraftfutter wie Äpfel, Bananen, Erdnüsse und süßes Früchtebrot vom Johannisbrotbaum.

▼ Das Känguru-Junge flüchtet kopfüber in den Beutel der Mutter, wenn es müde ist, Hunger hat oder wenn Gefahr droht. Als Letztes verschwinden die Beine im Beutel.

◀ Im leeren Zustand sieht der Beutel einiger Beuteltiere aus wie eine fast geschlossene Tasche. Am einfachsten ist der Beutel zu entdecken, wenn ein Baby daraus hervorlugt.

▲ Die Neugier kleiner Kängurus ist groß, doch in der Freiheit lauern auch Gefahren.

Gefahren für kleine Kängurus

Das Leben der Känguru-Jungen ist gefährlich. Weniger als ein Drittel aller Neugeborenen überlebt in der Wildnis das erste Lebensjahr. Tritt plötzlich Dürre ein oder großer Nahrungsmangel, so muss das kleine Känguru im Brutbeutel als Erstes sterben. Obwohl Kängurus einen kräftigen Körper und nur wenige Feinde haben, kommen in der Wildnis neun von zehn Tieren um, bevor sie ausgewachsen sind.

Das Leben kleiner Kängurus im Zoo ist natürlich bei weitem nicht so gefährlich. Doch es kommt vor, dass sie verloren gehen. „Es gibt immer mal wieder Junge, die zu neugierig sind und zu früh aus ihrem Beutel herausfallen. Dann finden sie nicht mehr zur eigenen Mutter zurück, oder die Mutter kann sie nicht mehr zurückholen. Es ist auch schon vorgekommen, dass Babys in einem anderen Beutel Unterschlupf finden und unversehens eine neue oder sogar zwei Mütter haben", berichtet Martin Neuhaus von den Sumpfwallabys aus Zürich. „Sumpfwallabys, die besonders zutraulich sind und sich streicheln lassen, sind meistens diejenigen, die wir mit Flaschen großgezogen haben, da sie zu früh aus dem Beutel der Mutter hüpften und nicht wieder hineinfanden."

Känguru-Kinder auf Forschungsreise

Sind die jungen Sumpfwallabys aus dem Beutel heraus, droht eine neue Gefahr. Sie sind nämlich sehr neugierig und wollen alles auskundschaften. Auch im Zoo entwischt gelegentlich ein Känguru. Besonders die Kleinen lassen sich viel einfallen, um auf Entdeckerreise gehen zu können. Sie graben sogar Löcher unter dem Zaun, um einen kleinen Ausflug in die nähere Umgebung zu machen.

„Das Einfangen eines Kängurus ist jedesmal eine aufregende Großaktion", lacht Martin Neuhaus. „Wir Tierpfleger müssen dann mit Netzen losziehen, um den Ausreißer zu retten. Das Junge ist heilfroh, wenn der Ausflug ein gutes Ende genommen hat. Es möchte ja selbst gerne zu seiner Familie zurück, doch alleine findet es oft das Loch unter dem Zaun nicht mehr, durch das es entwischt ist."

▲ Känguru-Arme sind vielseitige Werkzeuge. Sie dienen zum Putzen und Kratzen, Halten und Stützen, Schieben und Rangeln.

Der Boxkampf um die Gunst der Damen

Kängurus sind friedliche Tiere. Wenn sich aber mehrere Männchen dafür interessieren, ein Weibchen zu erobern, veranstalten sie einen richtigen Ringkampf mit festen Regeln, um den Sieger zu ermitteln. Die Arme und Schultern der Männchen sind besonders stark ausgebildet, denn es sind die wichtigsten Waffen beim Rangeln und Schieben im Kampf. Die Gegner stützen sich auf die Hinterbeine und den Schwanz, umfassen sich mit den Armen und versuchen, sich gegenseitig aus dem Gleichgewicht zu bringen. Es finden Kampfrunden von mehreren Minuten Länge statt. Zwischen den einzelnen Runden gibt es Pausen, in denen sich die Tiere putzen, Nahrung suchen oder einfach herumstehen und abwarten. Richtet sich ein Männchen erneut mit Imponiergehabe auf, wird die nächste Runde eröffnet. Auch Boxen mit den Vorderpfoten und Treten mit den Hinterbeinen ist erlaubt. Manchmal wird auch gebissen, doch es gibt selten ernsthafte Verletzungen.

Die stärksten Tiere haben die besten Fortpflanzungsmöglichkeiten, doch auch für den Gewinner ist noch nicht sicher, ob das Weibchen ihm seine Gunst erweist. Denn wenn es kein ernsthaftes Interesse an ihm zeigt, war alle Kämpferei umsonst.

▲ 1. Kampfrunde: Die Gegner stellen sich aufrecht auf die ganzen Sohlen, putzen sich, lecken sich vor Erregung die Arme und schlagen mit der Vorderpfote als Aufforderung zum Kampf. Der Kopf ist abgewandt.

2. Kampfrunde: Die Gegner stehen einander gegenüber, der Ringkampf beginnt. Sie umklammern und schieben sich gegenseitig mit den Armen.

3. Kampfrunde: Ein Tier wird beim Schiebekampf einen Schritt zurückgedrängt. Es hat die Runde verloren. Jetzt folgt entweder eine Kampfpause bis zur nächsten Runde oder der Sieger steht bereits fest.

Das Känguru

- ist ein Beuteltier. Nach der Geburt säugt das Neugeborene noch acht bis elf Monate lang in einem Brutbeutel die Milch der Mutter und wird umhergetragen.
- wiegt nur ein Gramm, wenn es auf die Welt kommt, so viel wie ein Streichholz. Es unternimmt als Erstes eine lange Klettertour in den Beutel der Mutter.
- ist sehr anpassungsfähig. Es kann in Dürre und Hitze leben, fühlt sich in unseren Zoos aber auch im Schnee wohl.
- hüpft mit den Hinterbeinen. Auf der Flucht kann ein einzelner Sprung eines Riesenkängurus bis zu 13 Meter weit reichen.
- führt manchmal Boxkämpfe mit Rivalen durch.

15 Das lohnende Ziel: Die Zoos und ihre Schwerpunkte

Dieses Kapitel enthält wichtige Zoos aus Deutschland, Österreich, der Schweiz und einigen Nachbarländern. Die Schwerpunkte haben die Zoos selbst benannt. Erscheint kein Schwerpunkt, hat der Zoo keine Angaben gemacht. Tierhaltung und Angebot des Zoos sind unabhängig von den Schwerpunkten. Streichelzoos, Spielplätze und Zooschulen sind in vielen Zoos vorhanden. Stand: Juni 1999

Deutschland

▶ Berlin
Tierpark Berlin-Friedrichsfelde
Am Tierpark 125
10307 Berlin
Tel. +49 (0) 30-51 53 10
Fax +49 (0) 30-512 40 61
Schwerpunkt: Elefanten und Nashörner, Zebras, Giraffen, Großkatzen, Pelikane und Papageien, großflächiger Zoo in Parkanlage

▶ Berlin
Zoologischer Garten und Zoo-Aquarium Berlin
Hardenbergplatz 8
10787 Berlin
Tel. +49 (0) 30-25 40 10
Fax +49 (0) 30-25 40 12 55
Schwerpunkt: Anlagen für Nachttiere, Primaten und Vögel, Flusspferdhaus mit Unterwasserscheiben, dreistöckiges Aquarium mit begehbarer Krokodilhalle, umfangreicher Tierbestand

▶ Bochum
Tierpark und Fossilium Bochum
Klinikstr. 49
44791 Bochum
Tel. +49 (0) 234-95 02 90
Fax +49 (0) 234-950 29 70
E-mail: tierpark.bochum@t-online.de
Schwerpunkt: Aquarien-/Terrarienhaus, 170.000 Liter Korallenriffanlage mit zwei Schwarzspitzenriffhaien, Fossiliensammlung, europäische Tierwelt

▶ Bremerhaven
Zoo am Meer
H.-H.-Meier Str. 5, Am Weserdeich
27568 Bremerhaven
Tel. +49 (0) 471-420 71
Fax +49 (0) 471-420 72
E-mail: BremerhavenZoo@t-online.de
Schwerpunkt: Tiere des Nordens und der Weltmeere

▶ Darmstadt
Vivarium Darmstadt
Schnampelweg 4
64287 Darmstadt
Tel. +49 (0) 61 51-13 33 91
Fax +49 (0) 61 51-13 33 93
Schwerpunkt: Aquarien- und Terrarientiere, besonders aus dem indo-australischen Raum und Madagaskar

▶ Dortmund
Zoo Dortmund
Mergelteichstr. 80
44225 Dortmund
Tel. +49 (0) 231-502 85 81
Fax +49 (0) 231-71 21 75
E-mail: zoo@dortmund.de
internet: www.dortmund.de/zoo
Schwerpunkt: Fauna und Flora Südamerikas (Amazonien)

▶ Dresden
Zoo Dresden
Tiergartenstr. 1
01219 Dresden
Tel. +49 (0) 351-478 06 31
Fax +49 (0) 351-471 86 25
E-mail: luecker@zoo.uucp.tu-dresden
Schwerpunkt: Primaten, asiatische Tiere, Kleinvögel

▶ Duisburg
Zoo Duisburg
Mülheimer Str. 273
47058 Duisburg
Tel. +49 (0) 203-30 55 90
Fax +49 (0) 203-305 59 22
Schwerpunkt: größtes Delfinarium Deutschlands, Koalas

▶ Düsseldorf
Aquazoo-Löbbecke-Museum
40200 Düsseldorf 1
Tel. +49 (0) 211-899 61 50
Fax +49 (0) 211-899 44 93
E-mail: aquazoo.wschmidt@compuserv.com
aquazoo.sbuchen@compuserv.com
Schwerpunkt: Großaquarium, Tropenhalle, Terrarium, Insektarium

▶ Eberswalde
Zoologischer Garten Eberswalde
Am Wasserfall
16225 Eberswalde
Tel. +49 (0) 3334-227 33
Fax +49 (0) 3334-234 65
Schwerpunkt: einheimische und exotische Tierarten, neue Bärenanlage, Braunbären mit Europäischen Wölfen in einem Gehege

▶ Erfurt
Thüriger Zoopark Erfurt
Zum Zoopark 8–10
99087 Erfurt
Tel. +49 (0) 361-75 18 80
Fax +49 (0) 361-751 88 63
E-mail: zoo-Erfurt@t-online.de
Internet: www.thuecom.de/zoopark-erfurt
Schwerpunkt: seltene Haustierrassen, Affen, Breitmaulnashörner

▶ Frankfurt am Main
Zoo Frankfurt
Alfred-Brehm-Platz 16
60316 Frankfurt am Main
Tel. +49 (0) 69-21 23 37 27
Fax +49 (0) 69-21 23 78 55
Schwerpunkt: Exotarium (Aquarium, Terrarium), Leguane, Vogelhallen und -büsche, Grzimekhaus für tag- und nachtaktive Kleinsäugetiere, Streifenkiwis aus Neuseeland, Primaten

▶ Gelsenkirchen
Ruhr Zoo
Bleckstr. 64
45889 Gelsenkirchen
Tel. +49 (0) 209-98 08 70
Fax +49 (0) 209-87 47 82
Schwerpunkt: afrikanische Huftiere, große Afrikasteppe (1,5 Hektar)

▶ Görlitz
Naturschutz-Tierpark Görlitz
Zittauer Str. 43
02826 Görlitz
Tel./Fax +49 (0) 35 81-40 74 00
E-mail: naturschutz-tierpark-goerlitz@t-online.de
Internet: www.tierpark-goerlitz.de
Schwerpunkt: heimische und zentralasiatische Tiere, Natur-Schau-Spiele

▶ Halle
Zoologischer Garten Halle
Fasanenstr. 5a
06114 Halle
Tel. +49 (0) 345-520 33
Fax +49 (0) 345-520 34 44
E-mail: zoo.halle@t-online.de
Schwerpunkt: Bergtierarten, kleine Raubtiere, südamerikanische Tierarten

▶ Hamburg
Tierpark Hagenbeck
Postfach 540 930
22509 Hamburg
Tel. +49 (0) 40-540 00 10
Fax +49 (0) 40-54 00 01 32
Schwerpunkt: gitterlose Freigehege, schöne Parkanlage

▶ Hannover
Zoo Hannover
Adenauerallee 3
30175 Hannover
Tel. +49 (0) 511-28 07 41 63
Fax +49 (0) 511-28 07 41 56
E-mail: info@zoo-hannover.de.
Internet: www.zoo-hannover.de
Schwerpunkt: Projekt Expo 2000, Primaten, Elefantenpalast

▶ Heidelberg
Tiergarten Heidelberg
Tiergartenstr. 3
69120 Heidelberg
Tel. +49 (0) 62 21-64 55 10
Fax +49 (0) 62 21-64 55 88
Schwerpunkt: Küstenpanorama, Menschenaffenhaus, Vogelanlagen

▶ Hoyerswerda
Zoo Hoyerswerda
Am Haag 20
02977 Hoyerswerda
Tel. +49 (0) 35 71-45 64 50
Fax +49 (0) 35 71-45 64 55
Schwerpunkt: semiaquatisch lebende Wildtiere, Fischotterforschung, südamerikanische Nager und Primaten

▶ Karlsruhe
Zoologischer Garten Karlsruhe
Ettlinger Str. 6
76137 Karlsruhe
Tel. +49 (0) 721-133 68 01
Tel. +49 (0) 721-133 68 15 (Zooinfo)
Fax +49 (0) 721-133 68 09
E-mail: zoo@karlsruhe.de
Schwerpunkt: große Gruppe Persische Kropfgazellen, afrikanische Savanne, Neubau der Eisbärenanlage

▶ Köln
Zoologischer Garten Köln
Postfach 680369
50706 Köln
Tel. +49 (0) 221-778 51 01
Fax +49 (0) 221-778 51 11
E-mail: info@zoo-koeln.de
Internet: www.zoo-koeln.de
Schwerpunkt: Primaten, Affen

▶ Krefeld
Krefelder Zoo,
Uerdinger Str. 377
47800 Krefeld
Tel. +49 (0) 21 51-955 20
Fax +49 (0) 21 51-95 52 33
Schwerpunkt: Primaten-Affentropenhaus, tropische Vogelarten, Raubkatzen, Regenwaldhaus, südamerikanische Tierarten

▶ Leipzig
Zoologischer Garten Leipzig
Pfaffendorfer Str. 29
04105 Leipzig
Tel. +49 (0) 341-593 33 00
Fax +49 (0) 341-593 33 03
E-mail: zooleipzig@t-online.de
Schwerpunkt: Aquarium, Terrarium, Neubau der Löwen- und Menschenaffenanlage, internationale Zuchtprogramme

▶ Magdeburg
Zoologischer Garten Magdeburg
Am Vogelgesang 12
39124 Magdeburg
Tel. +49 (0) 391-28 09 00
Fax +49 (0) 391-280 90 12
Schwerpunkt: Zucht von südamerikanischen Krallenaffen und Spitzmaulnashörnern

▶ München
Münchener Tierpark Hellabrunn
Tierparkstr. 30
81543 München
Tel. +49 (0) 89-62 50 80
Fax +49 (0) 89-625 08 52
E-mail: munichzoo@compuserve.com.
Schwerpunkt: Dschungelzelt, Riesenschildkrötenhaus, Urwaldhaus, Großvoliere, Mhorrgazellen, Przewalskipferde

▶ Münster
Westfälischer Zoologischer Garten Münster
Sentruper Str. 315
48161 Münster
Tel +49 (0) 251-890 40
Fax +49 (0) 251-89 04 90
E-mail: zoo.ms@t-online.de.
Schwerpunkt: begehbare Affenanlagen, Orang-Utans, Elefanten, Delfinarium, Aquarium

▶ Neumünster
Tierpark Neumünster
Geerdtsstr. 100
24537 Neumünster
Tel. +49 (0) 43 21-514 02
Fax +49 (0) 43 21-531 62
Schwerpunkt: Elche, Biber, Seehunde/Eisbären mit Unterwasseransicht, Braunbären, Geestbauernhof

▶ Neuwied
Zoo Neuwied
56566 Neuwied
Waldstrasse 160
Tel. +49 (0) 26 22-811 66
Fax +49 (0) 26 22-811 69
Schwerpunkt: Gepardenbeutesimulator, große Känguruherde, Straußenzucht

▶ Nürnberg
Tiergarten der Stadt Nürnberg
Am Tiergarten 30
90480 Nürnberg
Tel. +49 (0) 911-545 48 30 und 545 48 16
Fax +49 (0) 911-545 48 02
E-mail: tg@stadt.nuernberg.de.
Schwerpunkt: Wasserlebende Säugetiere, Delfinarium, Seekühe, Menschenaffen

▶ Osnabrück
Zoo Osnabrück
Am Waldzoo 2/3
49082 Osnabrück
Tel. +49 (0) 541-95 10 50
Fax +49 (0) 541-951 05 22
Schwerpunkt. Aquarium, Südamerikahaus

▶ Rheine
Tierpark Rheine
Salinenstr. 150
48432 Rheine
Tel. +49 (0) 5971-16 14 80
Fax +49 (0) 5971-161 48 20
Schwerpunkt: Zoopädagogik, naturnahe Gehege, Affen- und Vogelhaltung, Offengehege (Affenwald, Streichelzoo, Volieren, Storchenreservat)

▶ Rostock
Zoologischer Garten Rostock
Rennbahnallee 21
18059 Rostock
Tel. +49 (0) 381-208 20
Fax +49 (0) 381-493 44 00
Schwerpunkt: das ganze Jahr Erlebniszeit, Park- und Waldlandschaft (56 Hektar)

▶ Saarbrücken
Zoologischer Garten der Landeshauptstadt Saarbrücken
Graf-Stauffenberg-Str.
66121 Saarbrücken 3
Tel. +49 (0) 681-980 44 0
Fax +49 (0) 681-980 44 38
Schwerpunkt: Menschenaffen, Lemuren, Fauna von Madagaskar

▶ Straubing
Tiergarten Straubing
Lerchenhaid 3
94315 Straubing
Tel +49 (0) 9421-212 77
Fax +49 (0) 9421-83 04 39
Schwerpunkt: exotische und heimische Wildtiere, bedrohte Nutztierrassen, Donau-Aquarium mit heimischen Fischen, Reptilien und Amphibien

▶ Stuttgart
Wilhelma, Zoologisch-Botanischer Garten
70342 Stuttgart
Tel. +49 (0) 711-540 20
Fax +49 (0) 711-540 22 22
E-mail: info@wilhelma.de
Schwerpunkt: Menschenaffen, Aquarium, Bärenanlage, Huftiere, Papageienvögel, reiche Pflanzensammlung, Historischer Park

▶ Wuppertal
Zoologischer Garten Wuppertal
Hubertusallee 30
42117 Wuppertal
Tel. +49 (0) 202-274 70
Fax +49 (0) 202-74 18 88
Schwerpunkt: Menschenaffen, Katzen, Vögel, Tierwelt Chinas

Österreich

▶ Innsbruck
Alpenzoo Innsbruck-Tirol
Weiherburggasse 37
A-6020 Innsbruck
Tel. +43 (0) 512-29 23 23
Fax +43 (0) 512-29 30 89
E-mail: alpenzoo@tirol.com
Schwerpunkt: Alpentierwelt, Nachzucht gefährdeter Tierarten aus dem Alpenraum

▶ Salzburg
Salzburger Tiergarten Hellbrunn
A-5081 Salzburg-ANIF
Tel. +43 (0) 662-82 01 76
Fax +43 (0) 662-820 17 66
E-mail: chwalzer@eunet.at
Schwerpunkt: Gänsegeier, Geparden, Breitmaulnashörner, Przewalskipferde, Forschung

▶ Wien
Tiergarten Schönbrunn
A-1130 Wien
Maxingstr. 13 b
Tel. +43 (0) 1-877 92 94
Fax +43 (0) 1-877 96 41
E-mail: office@zoovienna.at
Schwerpunkt: moderne Tierhaltung im ältesten Zoo der Welt; Großkatzen, Afrikanische Elefanten, Bergwiederkäuer, gefährdete bedrohte Haustierrassen, Streichelzoo, Haflinger Reitbahn, Kutschenfahrten

Schweiz

▶ Basel
Zoologischer Garten Basel
Binningerstr. 40
CH-4054 Basel
Tel. +41 (0) 61-295 35 35
Fax +41 (0) 61-281 00 05
E-mail: zoo@zoobasel.ch
Schwerpunkt: Stadtzoo mit berühmter Landschaft und Vivarium, Indisches Rhinozerus, Gorillas, Okapis und Flamingos

▶ Bern
Tierpark Dählhölzli
Tierparkweg 1
CH-3005 Bern
Tel. +41 (0) 31-357 15 15
Fax +41 (0) 31-357 15 10
Schwerpunkt: europäische/nördliche Fauna

▶ Goldau
Natur- und Tierpark Goldau
CH-6410 Goldau
Tel. +41 (0) 41-855 15 10
Fax +41 (0) 41-855 15 20
Schwerpunkt: Park in Bergsturzlandschaft, europäische Fauna, zum Beispiel Bartgeier, Luchs, Waschbär, Freilaufzone für Wildtiere

▶ Zürich
Zoologischer Garten Zürich
Zürichbergstr. 221
CH-8044 Zürich
Tel. +41 (0) 1-254 25 00
Fax +41 (0) 1-254 25 10
E-mail: zoo@zoo.ch
Schwerpunkt: Menschenaffen, Asiatische Elefanten, Säugetiere und Vögel Südamerikas, außergewöhnliche Bärenanlage, ostafrikanisches Schwarzes Rhinozerus, Riesenschildkröten

Belgien

▶ Antwerpen
Zoo Antwerpen
Royal Zoological Society of Antwerp
Koningin Astridplein 26
B-2018 Antwerpen
Tel. +32 (0) 3-202 45 40
Fax +32 (0) 3-231 00 18
Schwerpunkt: Hathi-Mahal, der neue Elefantenpalast

▶ Cambron-Casteau
Parc Paradisio.
Domaine de Cambron 1,
B-7940 Cambron-Casteau
Tel. +32 (0) 68-454653
Fax +32 (0) 68-455405
Schwerpunkt: Vögel

▶ Deigné-Aywaille
Monde Sauvage Safari sprl.
Fange de Deigné, 3
B-4920 Deigné-Aywaille
Tel. +32 (0) 43-60 90 70
Fax +32 (0) 43-60 91 08
E-mail: zoo.mosa@pophost.eunet.be
Schwerpunkt: Zoo, Grotten und Safaripark, Kinderfarm

▶ Liege
Aquarium de l´Université de Liège
Quai Van Beneden, 22
B-4020 Liège
Tel. +32 (0) 43-66 50 01
Fax +32 (0) 43-66 50 93
E-mail: j.voss@ulg.ac.be
Christian.Michel@.ulg.ac.be
Internet: www.ulg.ac.be/aquarium/
Schwerpunkt: einheimische Fische und Fische aus der ganzen Welt in über 40 natürlichen Biotopen.

▶ Mechelen
Dierenpark Planckendael
Royal Zoological Society of Antwerp
Leuvensesteenweg 582
B-2812 Muizen-Mechelen
Tel. +32 (0) 15-41 49 21
Fax +32 (0) 15-42 29 35
E-mail: kris.struyf@pandora.be
Schwerpunkt: frei nistende Weiße Störche, Schwarze Geier, europäischer Otter, afrikanischer Bonobo, australischer Koala, Ausbildung, spezielles Interesse an der Flora

Tschechische Republik

▶ Dvur Kralove
Zoologicka Zahrada, Dvur Kralove Nad Labem
Stefánikova 1029
CZ-544 01 Dvúr Králové n.L.
Tel. +420 (0) 437-82 95 15
Fax +420 (0) 437-82 05 66
E-mail: zoodk@dk.fairnet.cz
Schwerpunkt: Nachzucht afrikanischer Tiere, Safari im Sommer, Tropische Ausstellung.

▶ Jihlava
Zoologicka Zahrada Jihlava
Brezinovy sady 10
CZ-586 01 Jihlava
Tel. +420 (0) 66-213 91
Fax +420 (0) 66-228 39
E-mail: jizoo@brn.pvtnet.cz
Schwerpunkt: Affen, kleine Katzen, Reptilien

▶ Liberec
Zoologicka Zahrada Liberec
CZ-460 01 Liberec
Tel. +420 (0) 48-27 10 61 67
Fax +420 (0) 48-271 06 18
E-mail: info@zoo.lbc.cz
Schwerpunkt: ältester Zoo der Tschechischen Republik; Moschusochse, Somali-Wildesel, Weißer Tiger, moderne Haltung von Giraffen, Raubvögeln, Pinguinen, Schneeleopard, Orang-Utan

▶ Ostrava
Zoologická zahrada Ostrava
Michálkovická 197
CZ-710 00 Ostrava
Tel. +420 (0) 69-624 33 16
Fax +420 (0) 69-624 33 16
Schwerpunkt: seltene und vom Aussterben bedrohte Arten des in den Karpathen beheimateten Luchs, Menschenaffen-Pavillon, Raubkatzen-Pavillon, Giraffen, afrikanische Paarhufer, Raubvögel

▶ Prag
Zoologícká Zahrada v Praze
U Trojského Zámku 3/120
CZ-17100 Praha 7
Trója
Tel. +420 (0) 2-688 18 00
Fax +420 (0) 2-688 18 00
E-mail: zoo@zoo.cz
Schwerpunkt: großer Zoo (58 Hektar) mit langer Tradition, Przewalskipferde

▶ Zlin-Lesna
Zoological Garden and Chateau Lesna-Zlin
CZ-763 14 Zlin-Lesná
Tel. +420 (0) 67-791 41 81
Fax +420 (0) 67-791 40 53
Schwerpunkt: Zucht von Lipizzanerpferden, Kraniche, Wildpark

Dänemark

▶ Aalborg
Aalborg Zoologiske Have
Molleparkvej 63
DK-9000 Aalborg
Tel. +45 (0) 96 31 29 29
Fax +45 (0) 98 13 19 33

▶ Charlottenlund
Danmarks Akvarium
Kavalergaarden 1
DK-2920 Charlottenlund
Tel. +45 (0) 39 62 32 83
Fax +45 (0) 39 62 04 16

▶ Copenhagen
Copenhagen Zoo
Sdr. Fasanvej 79
DK-2000 Frederiksberg
Tel. +45 (0) 36 30 25 55
Fax +45 (0) 36 44 24 55
E-mail: beh-zoo@inet.uni-2.dk

▶ Esbjerg
Saltvandsakvariet
Fiskeri-og Sofartsmuseet
DK-6710 Esbjerg V
Tel. +45 (0) 76 12 20 00
Fax +45 (0) 76 12 20 10
Schwerpunkt: Robben

▶ Give
Givskud Zoo
DK-7323 Give
Tel. +45 (0) 75 73 02 22
Fax +45 (0) 75 73 03 21
E-mail: givskudzoo@ vip.cybercity.dk
Schwerpunkt: Löwen, Safaripark, Zooschule

▶ Grenaa
The Kattegatcentre
Faergevej 4
P.B. 91
DK-8500 Grenaa
Tel. +45 (0) 86 32 52 00
Fax +45 (0) 86 32 72 00
E-mail: kc@kattegatcentret.com.
Schwerpunkt: große tropische Haie, Fische aus Dänemark und Umgebung, wissenschaftliches und Umweltzentrum

▶ Odense
Odense Zoo
Sdr Boulevard 306
DK-5000 Odense C
Tel. +45 (0) 66 11 13 60
Fax +45 (0) 65 90 82 28

Frankreich

▶ Mulhouse
Parc Zoologique et Botanique de la Ville de Mulhouse
51 rue du Jardin Zoologique
F-68100 Mulhouse
Tel. +33 (0) 3-89 31 85 10
Fax +33 (0) 3-89 31 85 26
Schwerpunkt: Siberischer Tiger, Persischer Leopard, Weißrückentapir, Grevy-Zebra, Addaxantilope, Prinz-Alfred-Hirsch, Waldrapp, Bali-Star, Primaten, botanische Sammlung

▶ Paris
Menagerie du Jardin des Plantes,
Museum National d´Histoire Naturelle
57 rue Cuvier
F-75231 Paris Cedex 05
Tel. +33 (0) 1-40 79 37 94
Fax +33 (0) 1-40 79 37 93
Schwerpunkt: Wildziege, afrikanische Menschenaffen, Raubvögel, Orang-Utans

▶ Paris
Parc Zoologique de Paris
53 Avenue de Saint-Maurice
F-75012 Paris
Tel. +33 (0) 1-43 75 20 00
Fax +33 (0) 1-43 43 54 73
E-mail: mauget@mnhn.fr, claro@mnhn.fr
Schwerpunkt: Lemur

▶ Strasbourg
Strasbourg Zoo de L´Orangerie
Parc de l´Orangerie
F-67000 Strasbourg
Tel./Fax +33 (0) 3-88 61 62 88
Schwerpunkt: europäische Weiße Störche

Niederlande

▶ Amsterdam
Amsterdam Zoo
Stichting Koninklijk Zoologisch Genootschap Natura Artis Magistra
Plantage Kerklaan 38–40
NL-1018 CZ Amsterdam
Tel. +31 (0) 20-523 34 00
Fax +31 (0) 20-523 34 19
Internet: www.artis.nl
Schwerpunkt: großer Komplex aus Zoo, Aquarium, Planetarium, Geologisches und Zoologisches Museum, der das Thema „Artis" illustriert: vom Big Bang bis zum Elefant

▶ Apeldoorn
Affenpark Apenheul/Apenheul Primate Park
J.C. Wilslaan 21–31
NL-7300 Apeldoorn
Tel. +31 (0) 55-357 57 00
Fax +31 (0) 55-357 57 01
E-mail: office@apenheul.nl
Internet: www.apenheul.nl
Schwerpunkt: mehr als 30 Arten von Affen und Menschenaffen, die in großen Anlagen leben. Die meisten Affen können sich unter die Besucher mischen.

▶ Arnhem
Burgers Zoo
Schelmseweg 85
NL-6816 SH Arnhem
Tel. +31 (0) 26-442 45 34
Fax +31 (0) 26-443 07 76
Schwerpunkt: 1,5 Hektar tropischer Regenwald (Busch), Sonora Wüste (Wüste), Schimpansen- und Gorillakolonie, Safaripark, acht Millionen Liter Unterwasserwelt (Der Ozean)

▶ Emmen
Noorder Dierenpark/Zoo
Hoofdstraat 18
NL-7811 EP Emmen
Tel. +31 (0) 591-61 88 00
Fax +31 (0) 591-69 02 75
Schwerpunkt: Elephantenherde mit 15 Tieren, Nacktmulch-Ausstellung, tropischer Schmetterlingsgarten, Zooschule

▶ Rhenen
Ouwehands Dierenpark
Grebbeweg 111
NL-3911 AV Rhenen
Tel. +31 (0) 31 76-502 00
Fax +31 (0) 31 76-137 27
E-mail: ouzoo@worldonline.nl.
Schwerpunkt: eurasische/paläarktische Fauna und Flora

▶ Rotterdam
Royal Rotterdam Zoological and Botanical Gardens
NL-3000 AM Rotterdam
Tel. +31 (0) 10-443 14 31
Fax +31 (0) 10-467 78 11
Schwerpunkt: Asiatische Elefanten, große Löwenfamilie, Giraffen, Okapis, Menschenaffen, Kraniche, Roter Panda, chinesische Säugetiere, Reptilien

Persönliche Danksagungen

Ich danke dem Zoodirektor von Rostock, Herrn Udo Nagel, der mir die Aufgaben und Ziele des Zoos darlegte.

Mein besonderer Dank gilt Herrn Dr. rer. nat. Dieter Poley, der von Beginn an dieses Buch begleitete und mir als erfahrener Zooexperte Zugang zu den Zoos und Zootieren ermöglichte.

Ich danke dem Direktor der Wilhelma Stuttgart, Herrn Prof. Dr. Dieter Jauch und den Mitarbeitern und Tierpflegern der Wilhelma für Gespräche, Korrekturen, Daten und Fotogenehmigung.

Ich danke Herr Dr. Zev Elkoshi, Israel, für seine Geduld bei den Elefanten im Zoo von Jerusalem.

Ich danke der Fotografin Elvira Peters für ihrer fachliche Beratung

Ich bedanke mich bei allen Zoodirektoren und Säugetierkuratoren für ihre Zeit und bereitwillige Mitarbeit an diesem Buch.

Ich danke den Zoos für die Genehmigung zum Fotografieren und den Abdruck der Fotos.

Mein besonderer Dank gilt den Tierpflegern, die mich zu „ihren" Tieren mitnahmen, mir ihre persönlichen Geschichten anvertrauten und für mich viele Begegnungen mit den Zootieren zu einem unvergesslichen Erlebnis werden ließen. Dank der Einblicke, die sie mir hinter den Kulissen gewährten, konnte dieses Zoobuch entstehen.

Bildnachweis

Alle Fotos bis auf die unten genannten stammen von der Autorin selbst und wurden speziell für dieses Buch aufgenommen.

Die folgenden Personen und Institutionen haben für dieses Buch Bildmaterial zur Verfügung gestellt:

Fotografin Jutta Kirchner, Wien:
Fotos im Wolfskapitel, S.22 m., S.23

Bat Conservation Centre, Austin, Texas, USA: Fledermausbilder auf den Seiten 84, 85, 86 o., 87 u.l., 88 u.r., 89.

Zoologischer Garten Zürich, Stelle für Zooinformation und Lehrerberatung: Strichzeichnungen aus dem Lernprogramm „Erlebniszoo-Lernwege": Löwe, S.12 r.u.; Elefant, S.53 r.u., S.56; Eisbär, S.25 o.; Einleitung, S.6; Orang-Utan, S.45 m.

Bertelsmann Lexikon Verlag, Zeichnungen aus dem Buch „Die Geheimnisse der Natur", Copyright © 1992
Bertelsmann Lexikon Verlag, Gütersloh
Känguru, S.95; Fledermaus, S.85; Dinosaurier, S.7; Eisbär, S.28; Biber, S.81; Giraffe, S.77; Wolf, S.20; Delfin, S.36

Das Museum für Naturkunde, Berlin, Invalidenstraße 43, 10115 Berlin, erteilte freundlicherweise die Fotogenehmigung für den Brachiosaurus brancai, Einleitungskapitel, S.6.

Die Fotos der Autorin wurden in folgenden Zoos aufgenommen:

Zoo Antwerpen: Delfin, S.35 m.; Giraffe, S.72, 73 u.

Zoo Atlanta: Giraffe, S.75 m.

Zoo Barcelona: Robbe, S.38; Einleitung, S.8 u.l.; Orang-Utan, S.49 u.l.

Zoo Berlin Hardenbergplatz: Robben, S.39 o., S.40 m.l. und u., S.42, 43; Flusspferd, S.66, 67, 69, S.70 u.; Känguru, S.92 u.l.

Zoo Berlin Friedrichsfelde:
Zebra, S.61 Grafik u.

Zoo San Diego, USA: Orang-Utan, S.44 o., S.45 u., S.46, S.47 o. und u., S.48, S.49 u.r., S.50, 51; Nilpferd, S.69 o.

Zoo Frankfurt: Zebra, S.61 o.; Robben, S.40 m.r., S.41 o. und m.r.; Fledermaus, S.86 m. und u., S.87 o.r., S.88 o. und u.l.

Zoo Houston, Texas, USA: Robben, S.40 o.r., S.42 o.r.; Giraffe, S.73 o., S.76 o. und l.u.

Alpenzoo Innsbruck: Biber, S.78, 79 o. und u., S.80 o. und m., S.81 o., S.82, 83

Zoo Jerusalem: Titelbild; Zebra, S.61 m., S.62; Elefant, S.57 o. und 2x m., S.58 u. und r.m.; Einleitung, S.9 m.; Orang-Utan, S.45 o.l.

Zoo Kopenhagen: Wolf, S.18, 19; Löwe, S.13 u.

Zoo Leipzig: Wolf, S.20, 21

Zoo Lissabon: Nilpferd, S.68, S.71 o.; Känguru, S.91 u.l.

Zoo Madrid: Flusspferd, S.70 ff, S.35 o., S.36 o.; Elefant, S.57, S.59 o.; Känguru, S.90, S.92 o., S.93, S.94 u.; Einleitung, S.5; Orang-Utan, S.44 u.

Tiergarten Hellabrunn, München: Löwe, S.10, S.12 o., S.13 m., S.14 m., S.15 m., S.16 o.l.; Känguru, S.91 m., S.94 o.l.

Tiergarten Nürnberg: Robbe, S.40, 41; Delfin, S.30–35 u., S.36 u.; Giraffe, S.74 m.; Einleitung, S.9 o.r.

Zoo Rostock: Robben, S.41 m.l.; Elefant, S.52, 56; Eisbär, S.29 m.r.

Zoo Rotterdam: Giraffe, S.74 o., S.77 o. Löwe, S.11 m., S.13 o., S.14 o., S.15 o., S.17

San Antonio, Texas, USA: Zebra, S. 60, 63 u., S.64 o.; Einleitung, S.7 o.r., S.8 o.l.

Wilhelma Stuttgart: Biber, S.79 m., S.80 u.; Elefant, S.53, 54, S.58 l.o.; Eisbär, S.24, 26, 27, 28, S.29 o.; Einleitung, S.7; Orang-Utan, S.45 o.r. und m., S.47 m., S.49 o.r.

Tiergarten Schönbrunn, Wien: Wolf, S.22; Zebra, S.62 u., S.63 l.o. und m., S.64 u., S.65; Giraffe, S.75 o.; Löwe, S.16 u.r.; Einleitung, S.9 o.l.

Zoo Zürich: Robbe, S.39 u.; Löwe, S.11 o.; Känguru, S.91 o.r.

Literaturangabe

Grzimek,B., (Hrsg.): Grzimeks Enzyklopädie, Band 1–6, Kindler Verlag; München 1988

The Encyclopedia of Mammals, Dr. David Macdonald, Andromeda Oxford Limited, Oxford, 1995